高等医药院校教材

《物理学教程》习题精解

(供中医、中西结合、中药、制药、药理、制剂、针灸、
推拿、护理、中医工程等专业使用)

(第2版)

顾柏平 主编

东南大学出版社
SOUTHEAST UNIVERSITY PRESS
·南京·

内 容 提 要

本书为《物理学教程》(第4版)配套的辅助用书.全书共分十三章,包括力学、分子物理学、热力学、电磁学、波动光学和量子物理等内容.书中对各章的概念进行总结和提炼,再针对各章习题提供了答案或解题过程.

本教材可供医药类院校开设了物理学课程的师生参考使用.

图书在版编目(CIP)数据

《物理学教程》习题精解:配《物理学教程》/ 顾柏平主编.—2版.—南京:东南大学出版社,2023.10
高等医药院校教材
ISBN 978-7-5766-0917-2

Ⅰ.①物… Ⅱ.①顾… Ⅲ.①物理学—医学院校—题解 Ⅳ.①O4-44

中国国家版本馆 CIP 数据核字(2023)第 196835 号

责任编辑:陈 跃　责任校对:韩小亮　封面设计:顾晓阳　责任印制:周荣虎

《物理学教程》习题精解(第2版)
《Wulixue Jiaocheng》Xiti Jingjie (Di-er Ban)

主　　编	顾柏平
出版发行	东南大学出版社
出 版 人	白云飞
社　　址	南京市四牌楼2号(邮编:210096　电话:025-83793330)
经　　销	全国各地新华书店
印　　刷	江苏扬中印刷有限公司
开　　本	787 mm×1092 mm　1/16
印　　张	7.75
字　　数	189 千字
版　　次	2023 年 10 月第 2 版
印　　次	2023 年 10 月第 1 次印刷
书　　号	ISBN 978-7-5766-0917-2
定　　价	25.00 元

本社图书若有印装质量问题,请直接与营销部联系,电话:025-83791830。

编委会名单

主　编　顾柏平

副主编　陈　亮　韦相忠　应　航
　　　　朱予民　束开俊

编　委　朱　亮　王　丽　蔡　卓
　　　　钱天虹

第 2 版前言

物理学是现代医药院校许多专业的重要基础课,它提供学生基础物理知识,同时也训练学生有效的思维方式,为学生学好后续专业课程打下坚实的基础。本书为高等医药院校教材《物理学教程》(第 4 版)的配套教学用书,旨在帮助同学课后复习、理解、巩固课堂知识,提高学生应用知识解决问题的能力。

本书共分十三章,与教材《物理学教程》(第 4 版)的内容、章节完全一致,每章的题目与教材一致,且一题一解,一一对应。每章均按照首先是提炼出本章内容提要(包含重要概念等内容),其次为各习题题目的答案和详细解题过程这一体例来进行编写的。解题过程注重对基本概念、基本原理的阐述和基本方法训练,培养学生认真严谨、实事求是的科学素养。

本书在编写过程中得到了全国相关院校的大力支持,也得到了各兄弟院校同行的指导和帮助,特别是徐仁力博士做了大量校对工作,在此一并表示感谢。此外,由于时间仓促及水平有限,因而书中难免有错误和不妥之处,恳请专家、教师和使用者提出宝贵意见,以便再版时修订,不胜感谢。

编者
2023 年 5 月

目 录

1 刚体的转动 ································· 1
   本章提要 ································· 1
   习题精解 ································· 1

2 物体的弹性 ································· 13
   本章提要 ································· 13
   习题精解 ································· 14

3 流体动力学基础 ································· 18
   本章提要 ································· 18
   习题精解 ································· 19

4 液体的表面现象 ································· 27
   本章提要 ································· 27
   习题精解 ································· 27

5 气体动理论 ································· 31
   本章提要 ································· 31
   习题精解 ································· 32

6 热力学基本定律 ································· 38
   本章提要 ································· 38
   习题精解 ································· 39

7 静电场 49
本章提要 49
习题精解 50

8 稳恒直流电 58
本章提要 58
习题精解 59

9 电磁现象 67
本章提要 67
习题精解 68

10 机械振动和机械波 80
本章提要 80
习题精解 82

11 波动光学 93
本章提要 93
习题精解 94

12 量子力学基础 101
本章提要 101
习题精解 102

13 核物理基础 107
本章提要 107
习题精解 109

参考文献 113

1 刚体的转动

本章提要

1. 基本概念

刚体：它是指无论在多大的外力作用下，形状和大小都不发生任何变化的物体．

平动：它是指刚体上任意一条直线在各个时刻都始终彼此平行的运动．

定轴转动：它是指转动轴固定不变的转动．

转动惯量：$I = \sum_{i=1}^{n} \Delta m_i r_i^2$（分立），或 $I = \int r^2 \mathrm{d}m$（连续）．

角动量（或动量矩）：$L = I\omega$．

2. 主要公式

刚体平动与转动的重要公式及其比较

质点的直线运动学公式（刚体的平动）	刚体的定轴转动学公式	质点的动力学公式（刚体的平动）	刚体的转动力学公式
速度 $v = \dfrac{\mathrm{d}r}{\mathrm{d}t}$	角速度 $\omega = \dfrac{\mathrm{d}\theta}{\mathrm{d}t}$	力 F，质量 m 牛顿第二定律 $F = ma$	力矩 M，转动惯量 I 转动定律 $M = I\beta$
加速度 $a = \dfrac{\mathrm{d}v}{\mathrm{d}t}$	角加速度 $\beta = \dfrac{\mathrm{d}\omega}{\mathrm{d}t}$	动量 mv，冲量 $F\Delta t$（恒力）； 动量原理 $F\Delta t = mv - mv_0$（恒力）	角动量 $I\omega$，冲量矩 $M\Delta t$（恒力矩） 角动量原理 $M\Delta t = I\omega - I_0\omega_0$（恒力矩）
匀速直线运动 $x = x_0 + vt$	匀角速转动 $\theta = \theta_0 + \omega t$	动量守恒定律（$\sum F = 0$） $\sum mv = $ 恒量	角动量守恒定律（$\sum M = 0$） $\sum I\omega = $ 恒量
匀变速直线运动 $v = v_0 + at$ $x = x_0 + v_0 t + \dfrac{1}{2}at^2$ $v^2 - v_0^2 = 2a(x - x_0)$	匀变速转动 $\omega = \omega_0 + \beta t$ $\theta = \theta_0 + \omega_0 t + \dfrac{1}{2}\beta t^2$ $\omega^2 - \omega_0^2 = 2\beta(\theta - \theta_0)$	平动动能 $mv^2/2$ 恒力的功 $A = Fs$ 动能定理 $A = \dfrac{1}{2}mv_2^2 - \dfrac{1}{2}mv_1^2$	转动动能 $I\omega^2/2$ 恒力矩的功 $A = M\theta$ 动能定理 $A = \dfrac{1}{2}I\omega_2^2 - \dfrac{1}{2}I\omega_1^2$

习题精解

1-1 刚体绕定轴转动，在每秒钟内角速度都增加 $\pi/5$，刚体是否做匀加速转动？

答：不一定.

1-2 如题1-2图所示,将棒的一端与光滑铰链相连,并能绕铰链在竖直平面内自由转动。一次把它拉开与竖直方向成某一角度($0<\theta<\pi/2$);另一次将它拉到水平位置($\theta=\pi/2$).问在这两种情况下:(1)放手的那一瞬时,棒的角加速度是否相同?(2)棒转动的过程是否属于匀变速转动?

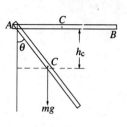

题1-2图

答：(1) 不相同. (2) 否.

1-3 某人将握着哑铃的双手伸开,坐在以一定的角速度转动着的(摩擦不计)圆凳子上,如果此人将手缩回,使转动惯量减少为原来的一半.问:(1)角速度增加多少?(2)转动动能是否发生改变?

答：(1) 增加1倍. (2) 发生改变.

1-4 足球守门员要分别接住来势不同的两个球:第一个球从空中飞来但无转动;第二个球沿地面滚来.两个球的质量以及前进的速度相同,问:守门员要接住这两个球所做的功是否相同?为什么?

答：做功不相同.前者只需要克服平动动能做功;而后者除需要克服平动动能做功,还需要克服转动动能做功.

1-5 在一个系统中,如果该系统的角动量守恒,动量是否一定守恒?反之,如果该系统的动量守恒,角动量是否也一定守恒?

答：不一定.不一定.(提示：从角动量定义的角度考虑,即 $\boldsymbol{L} = \boldsymbol{r} \times m\boldsymbol{v} = \boldsymbol{r} \times \boldsymbol{p}$)

1-6 半径为 0.9 m 的转轮,从静止开始以匀加速转动,经 20 s 后它的角速度达到 100 rad/s,求角加速度和这一段时间内转轮转过的角度以及 20 s 末转轮边缘的线速度、切向加速度.

解：对于匀加速转动,根据平均角加速度的定义可得

$$\beta = \frac{\omega - \omega_0}{t}.$$

代入数值得,

$$\beta = \frac{100 - 0}{20} = 5(\text{rad/s}^2).$$

根据匀变速转动的公式得转动角度为

$$\theta = \frac{1}{2}\beta t^2 = \frac{1}{2} \times 5 \times 20^2 = 1.0 \times 10^3 (\text{rad}).$$

边缘线速度为
$$v = \omega r = 100 \times 0.9 = 90 \text{(m/s)}.$$

边缘切向加速度为
$$a_t = r\beta = 0.9 \times 5 = 4.5 \text{(m/s)}.$$

1-7 一个做匀加速转动的飞轮经 4.0 s 转过了 200 rad,且角速度达到 180 rad/s,求它的角加速度和初始角速度.

解:由转动运动学公式
$$\omega = \omega_0 + \beta t,$$
$$\theta = \omega_0 t + \frac{1}{2}\beta t^2,$$

消去 ω_0,可得
$$\beta = \frac{2(\omega t - \theta)}{t^2} = \frac{2 \times (180 \times 4.0 - 200)}{4^2} = 65 \text{(rad/s}^2\text{)}.$$
$$\omega_0 = \omega - \beta t = 180 - 65 \times 4 = -80 \text{(rad/s)}.$$

1-8 一车床主轴的转速从零均匀增加到 $n = 250$ r/s(转/秒),所需的时间为 30 s,主轴直径 $d = 0.04$ m. 求 $t = 30$ s 时主轴表面上一点的速度、切向加速度和向心加速度.

解:依题意,末角速度为
$$\omega = 2\pi n = 500\pi \text{(rad/s)}.$$

表面边缘速度为
$$v = \omega r = 500\pi \times \frac{0.04}{2} = 10\pi \text{(m/s)}.$$

角加速度为
$$\beta = \frac{\omega - \omega_0}{t} = \frac{500\pi - 0}{30} = \frac{50}{3}\pi \text{(rad/s}^2\text{)}.$$

切向加速度为
$$a_t = \beta r = \frac{50}{3}\pi \times \frac{0.04}{2} = \frac{\pi}{3} \text{(m/s}^2\text{)}.$$

向心(法向)加速度为
$$a_n = \omega^2 r = (500\pi)^2 \times \frac{0.04}{2} = 5\,000\pi^2 \text{(m/s}^2\text{)}.$$

1-9 双原子分子中两原子相距为 r,它们的质量分别为 m_1 和 m_2,分别绕着通过连接线段的中点与质心且垂直于两原子连线的轴转动,求分子在这两种转动情况下的转动惯量.(原子看做为质点,质心离中心距离 $x_C = \dfrac{m_1 - m_2}{m_1 + m_2} \cdot \dfrac{r}{2}$)

解：依题意知该刚体由分立的两个质点组成。根据转动惯量的公式可得,刚体绕中心点的转轴的转动惯量为：

$$I_0 = \sum_{i=1}^{2} \Delta m_i r_i^2 = m_1 r_1^2 + m_2 r_2^2 = (m_1 + m_2)\dfrac{r^2}{4},$$

设 $m = m_1 + m_2, h = x_C$. 根据平行轴定理 $I = I_C + mh^2$ 可得,绕质心转动惯量为：

$$I_C = I_0 - mh^2 = (m_1 + m_2)\dfrac{r^2}{4} - (m_1 + m_2)\times \left(\dfrac{m_1 - m_2}{m_1 + m_2}\right)^2 \times \dfrac{r^2}{4}$$

$$= \dfrac{m_1 m_2}{m_1 + m_2} r^2.$$

也可利用转动惯量定义式直接计算 I_C，设 $m_1 > m_2$.

$$I_C = \sum_{i=1}^{2} \Delta m_i r_i^2 = m_1 \left(\dfrac{r}{2} - x_C\right)^2 + m_2 \left(\dfrac{r}{2} + x_C\right)^2$$

$$= m_1 \left(\dfrac{r}{2} - \dfrac{m_1 - m_2}{m_1 + m_2}\dfrac{r}{2}\right)^2 + m_2 \left[\dfrac{r}{2} + \dfrac{m_1 - m_2}{m_1 + m_2}\dfrac{r}{2}\right]^2$$

$$= m_1 \cdot \dfrac{r^2}{4} \cdot \dfrac{4 m_2^2}{(m_1 + m_2)^2} + m_2 \cdot \dfrac{r^2}{4} \cdot \dfrac{4 m_1^2}{(m_1 + m_2)^2}$$

$$= \dfrac{m_1 m_2}{m_1 + m_2} r^2.$$

1-10 求质量为 m,长为 l 的均匀细棒在下面几种情况下的转动惯量：(1)转轴通过棒的中心并与棒垂直；(2)转轴通过棒的一端并与棒垂直；(3)转轴通过棒上离中心为 h 的一点并与棒垂直；(4)转轴通过棒的中心并与棒成 θ 角.

解：(1) 如题 H_0 图(a),设 λ 为均匀直棒的质量线密度,距转轴 OO' 为 r 处的长度为 $\mathrm{d}r$ 的细杆质元的质量为

$$\mathrm{d}m = \lambda \mathrm{d}r,$$

其中,

$$\lambda = \dfrac{m}{l},$$

质元 $\mathrm{d}m$ 的转动惯量微元为

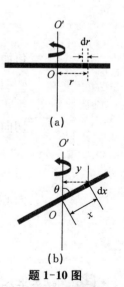

题 1-10 图

$$dI = r^2 dm,$$

对杆的全区域积分可得绕杆中点垂直于杆的转动惯量为

$$I = \int_{-\frac{l}{2}}^{\frac{l}{2}} r^2 dm = \int_{-\frac{l}{2}}^{\frac{l}{2}} r^2 \lambda dr = \frac{1}{12}\lambda l^3 = \frac{1}{12}ml^2.$$

(2) 由平行轴定理可得绕过杆端点且垂直于杆的轴的转动惯量为

$$I = I_C + m\frac{l^2}{4} = \frac{1}{3}ml^2.$$

(3) 由平行轴定理,绕距离杆中心为 h,垂直于杆的轴的转动惯量为

$$I = I_C + mh^2 = \frac{1}{12}ml^2 + mh^2.$$

(4) 如题 1-10 图(b)直杆上距中心 O 为 x 处长为 dx 的质元 dm 绕 OO' 轴的转动惯量为

$$dI = y^2 dm = (x\sin\theta)^2 \lambda dx,$$

对整个直杆积分得

$$I = \int_{-\frac{l}{2}}^{\frac{l}{2}} (x\sin\theta)^2 \lambda dx = \frac{1}{12}ml^2 \sin^2\theta.$$

1-11 如题 1-11 图(a)所示,有一等腰三角形的匀质薄板,质量为 m,求它对 y 轴的转动惯量.

解：设该板的质量面密度为 σ. 如题 1-11 图(b)所示,微元距离坐标原点距离为 x,宽度为 dx 的微元的质量为

$$dm = 2\sigma y dx = 2\sigma x \tan 60° dx,$$

设质元的转动惯量为

$$dI = x^2 dm = 2\sigma x^3 \tan 60° dx,$$

从而

$$I = \int x^2 dm = \int_0^a 2\sqrt{3}\sigma x^3 dx = \frac{\sqrt{3}}{2}\sigma a^4$$

$$= \frac{\sqrt{3}}{2}\frac{m}{\sqrt{3}a^2}a^4 = \frac{1}{2}ma^2.$$

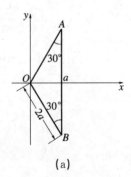

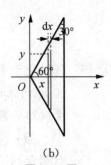

题 1-11 图

1-12 砂轮直径为 0.20 m,厚为 0.025 m,密度为 2.4 g/cm³,绕过

中心垂直于盘面的轴转动. 求:(1)转动惯量;(2)当 $n=3\ 600$ r/s 时的转动动能(砂轮视为均匀实心圆盘).

解:依题意得刚体的转动惯量为

$$I = \frac{1}{2}mR^2 = \frac{1}{2}(\pi R^2 b\rho)R^2 = \frac{1}{2}\pi \times 0.025 \times 2.4 \times 10^3 \times 10^{-4}$$

$$= 3\pi \times 10^{-3} \approx 9.42 \times 10^{-3}(\text{kg} \cdot \text{m}^2).$$

转动动能为

$$E_k = \frac{1}{2}I\omega^2 = \frac{1}{2} \times 9.42 \times 10^{-3} \times (3\ 600 \times 2\pi)^2 \approx 2.4 \times 10^6(\text{J}).$$

1-13 如图所示,一铁制飞轮,已知密度 $\rho = 7.8$ g/cm³, $R_1 = 0.030$ m, $R_2 = 0.12$ m, $R_3 = 0.19$ m, $b = 0.040$ m, $d = 0.090$ m, 求它对转轴 OO' 的转动惯量.

解:原图阴影部分为圆盘区域,该圆盘可视为从半径为 R、厚度为 d 的大圆柱体中去掉两个对称的半径为 R_2、厚度为 $(d-b)/2$ 的圆柱体和一个半径为 R_1、厚度为 b 的圆柱体后而获得. 这些圆柱体都是共轴圆柱体,根据转动惯量的叠加性可得,

$$I = \frac{1}{2}MR_3^2 - \frac{1}{2}m_1R_1^2 - 2 \times \frac{1}{2}m_2R_2^2,$$

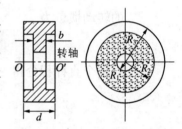

题 1-13 图

其中, $M = \rho\pi R_3^2 d$, $m_1 = \rho\pi R_1^2 b$, $m_2 = \rho\pi R_2^2(d-b)$, ρ 为质量体密度. 代入数据,得

$$I = \pi\rho\left[\frac{1}{2}R_3^4 d - \frac{1}{2}R_1^4 b - R_2^4(d-b)\right]$$

$$= 3.14 \times 7.8 \times 10^3 \times \left[\frac{1}{2} \times 0.19^4 \times 0.09 - \frac{1}{2} \times 0.03^4 \right.$$

$$\left. \times 0.04 - 0.12^4 \times (0.09 - 0.04)\right]$$

$$\approx 1.31(\text{kg} \cdot \text{m}^2).$$

1-14 将绳绕于半径 $R = 1.0$ m,质量 $M = 100$ kg 的圆盘上,在绳下端挂一质量为 $m = 10$ kg 的物体. 设圆盘可绕过盘心垂直于盘面的定轴转动,求:(1)圆盘的角加速度;(2)从静止开始下落 4.0 s 后圆盘的角位移. (g 取 10 m/s²)

解:设绳子的张力为 T,圆盘转动的角加速度为 β,物体运动的加速度为 a. 对圆盘利用转动定律,得

$$RT = I\beta. \tag{1}$$

其中，$I = \frac{1}{2}MR^2$.

对悬挂的物体应用牛顿第二定律,得

$$mg - T = ma. \tag{2}$$

利用线量与角量的关系

$$\beta = \frac{a}{R}, \tag{3}$$

联立求解方程组(1)~(3)可得,

$$a = \frac{mgR^2}{mR^2 + I}.$$

(1) 圆盘角加速度

$$\beta = \frac{a}{R} = \frac{mgR}{mR^2 + I} = \frac{mgR}{mR^2 + \frac{1}{2}MR^2} = \frac{10 \times 10 \times 1.0}{10 \times 1.0^2 + \frac{1}{2} \times 100 \times 1.0^2}$$

$$\approx 1.667 (\text{rad/s}^2).$$

(2) 从静止开始下落 4 s 后圆盘的角位移为

$$\theta = \frac{1}{2}\beta t^2 = \frac{1}{2} \times 1.667 \times 4.0^2 \approx 13.3 (\text{rad}).$$

1-15 一转台绕竖直轴自由转动,每分钟转一周,转台对轴的转动惯量为 1 200 kg·m². 质量为 80 kg 的人从转台中心开始沿半径向外跑去,问当人离转台中心 2.0 m 时,转台的角速度是多少?

解：根据题意分析可知系统所受合外力矩为零,因此系统角动量守恒,即

$$I_1 \omega_1 = I_2 \omega_2,$$

其中，$I_2 = I_1 + mR^2$，
则

$$\omega_2 = \frac{I_1 \omega_1}{I_2} = \frac{I_1}{I_1 + mR^2} \times 2\pi n = \frac{1\,200}{1\,200 + 80 \times 2.0^2} \times 2 \times 3.14 \times \frac{1}{60}$$

$$\approx 0.083 (\text{rad/s}).$$

1-16 有两只同轴圆盘 A 和 B,盘 B 静止,盘 A 的转动惯量为盘 B 的一半,它们的轴由离合器控制. 开始时,盘 A、B 是分开的,盘 A 的角速度为 ω_0,两者衔接到一起后产生了 2 000 J 的热. 求原来盘 A 的动能。

解：设 A 盘转动惯量为 I_A，原角速度为 ω_A，B 盘转动惯量为 $2I_A$，A，B 衔接后的角速度为 ω，经分析知系统所受合外力矩为零，则系统角动量守恒，即

$$I_A\omega_A = (I_A + 2I_A)\omega,$$

由此得

$$\omega = \frac{1}{3}\omega_A.$$

系统原来的总动能为

$$E_{k1} = \frac{1}{2}I_A\omega_A^2,$$

后来的总动能为

$$E_{k2} = \frac{1}{2} \times 3I_A\omega^2 = \frac{3}{2} \times I_A \times \frac{\omega_A^2}{9} = \frac{1}{3}E_{k1},$$

能量的改变量为

$$\Delta E_k = E_{k1} - E_{k2} = \frac{2}{3}E_{k1},$$

该动能减少量转化为热能，即

$$\Delta E_k = 2\,000(\text{J}),$$

所以，

$$E_{k1} = \frac{3}{2} \times \Delta E_k = 3\,000(\text{J}).$$

1-17 质量为 m，长为 l 的均匀棒 AB，绕一水平光滑的转轴在竖直平面内转动，转轴离 A 端距离为 $\frac{l}{4}$. 若使棒从静止开始由水平位置绕转轴自由转动，求：(1) 棒在水平位置上刚启动时的角加速度；(2) 棒转到竖直位置时，A 端的速度及加速度.

解：依题意，如题 1-17 图所示，根据转动惯量的平行轴定理可得绕 O 轴的转动惯量为

$$I = I_C + mh^2 = \frac{1}{12}ml^2 + m\left(\frac{l}{4}\right)^2 = \frac{7}{48}ml^2,$$

(1) 由转动定律 $M = I\beta$，得

$$\beta = \frac{M}{I} = \frac{mg\dfrac{l}{4}}{\dfrac{7ml^2}{48}} = \frac{12g}{7l},$$

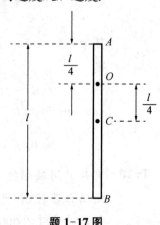

题 1-17 图

(2) 当棒转过一微小角度 dθ 时,重力力矩做的元功为

$$dA = Md\theta = mg\frac{l}{4}\cos\theta d\theta,$$

杆转动到竖直位置时,重力力矩做功

$$A = \int dA = \int_0^{\frac{\pi}{2}} mg\frac{l}{4}\cos\theta d\theta = mg\frac{l}{4}.$$

由动能定理可得,

$$A = \Delta E_k,$$

即

$$mg\frac{l}{4} = \frac{1}{2}I\omega^2,$$

得

$$\omega = \sqrt{\frac{24g}{7l}}.$$

A 端的速度为

$$v_A = \omega r_A = \frac{l}{4}\sqrt{\frac{24g}{7l}} = \frac{1}{2}\sqrt{\frac{6gl}{7}}.$$

竖直位置,重力矩为零,角加速度为零,A 端无切向加速度,只有法向(向心)加速度,其大小为

$$a_n = \omega^2 r_A = \frac{l}{4} \times \frac{24g}{7l} = \frac{6g}{7}.$$

1-18 一飞轮的质量 $m=200$ kg,在恒力矩的作用下,由静止开始绕垂直于轮面的对称轴转动.经过 10.0 s 后,飞轮的转速为 120 r/min. 设飞轮的质量可以看作均匀分布在半径 $R=0.50$ m 的轮缘上,求力矩的大小.

解:根据恒力矩做功的公式及转动动能定理 $A = \Delta E_k$ 得

$$M\theta = \frac{1}{2}I\omega^2 - \frac{1}{2}I\omega_0^2 = \frac{1}{2}I\omega^2 = \frac{1}{2}mR^2\omega^2.$$

根据转动定律 $M = I\beta$,在恒力矩 M 作用下刚体做匀加速转动,从静止开始转过的角位移为

$$\theta = \frac{1}{2}\beta t^2 = \frac{1}{2}\omega t = \frac{1}{2} \times \frac{120 \times 2\pi}{60} \times 10 = 20\pi (\text{rad}),$$

因此

$$M = \frac{\frac{1}{2}mR^2\omega^2}{\theta} = \frac{1}{2} \times 200 \times 0.5^2 \times \frac{(4\pi)^2}{20\pi} \approx 62.83(\text{N}\cdot\text{m}).$$

1-19 长为 $2l$，质量为 m 的均匀细棒放置在光滑水平面上，可绕过棒的质心并与水平面垂直的轴转动，现有一质量为 m 的子弹以速度 v_0 沿水平面垂直入射至距棒的端点为 $\frac{l}{4}$ 处并停留在棒内。试求棒和子弹绕竖直轴的角速度和系统损失的能量。

解：依题意，合外力矩为零，系统角动量守恒。

初始时系统的角动量仅为子弹绕杆的中点转动的角动量，

$$L_0 = mv_0 \frac{3}{4}l,$$

入射后系统的角动量为子弹和棒同时绕杆的中点转动的角动量的和，

$$L = I\omega,$$

其中，

$$I = I_{棒} + I_{子弹} = \frac{1}{12}m(2l)^2 + m\left(\frac{3}{4}l\right)^2,$$

根据角动量守恒定律，则有

$$\frac{3}{4}mv_0 l = \left(\frac{1}{3}ml^2 + \frac{9}{16}ml^2\right)\omega,$$

得

$$\omega = \frac{\frac{3}{4}mv_0 l}{\frac{1}{3}ml^2 + \frac{9}{16}ml^2} = \frac{\frac{3}{4}v_0}{\frac{43}{48}l} = \frac{36v_0}{43l}.$$

系统初始总能量为

$$E_{k1} = \frac{1}{2}mv_0^2,$$

系统末态总能量为

$$E_{k2} = \frac{1}{2}I\omega^2,$$

系统能量损失为

$$\Delta E_k = E_{k1} - E_{k2} = \frac{1}{2}mv_0^2 - \frac{1}{2}I\omega^2$$

$$= \frac{1}{2}mv_0^2 - \frac{1}{2} \times \frac{43}{48}ml^2 \times \left(\frac{36v_0}{43l}\right)^2$$

$$= \frac{8}{43}mv_0^2.$$

1-20 质量为 M 且长为 $2l$ 的均匀直棒可绕垂直于棒的一端的水平轴做无摩擦的转动. 棒原来处于平衡位置, 即棒垂直悬挂于轴上, 现有一质量为 m 的子弹以 v_0 的速度射入棒的一端后又射出, 射出的速度为 $\frac{1}{5}v_0$, 求棒绕轴转动的最大角度和系统损失的能量.

解: 根据题意, 子弹与棒构成的系统在碰撞过程中总角动量守恒.
碰撞前棒静止, 系统的角动量只有子弹的角动量(即动量矩), 为

$$L_1 = mv_0 \times 2l = 2mv_0 l.$$

碰撞后系统的角动量为

$$L_2 = I_{棒}\omega_{棒} + L_{弹} = I_{棒}\omega_{棒} + \frac{2}{5}mv_0 l.$$

由角动量守恒定律 $L_2 = L_1$, 即

$$2mv_0 l = I_{棒}\omega_{棒} + \frac{2}{5}mv_0 l,$$

得

$$\omega_{棒} = \frac{\frac{8}{5}mv_0 l}{I_{棒}} = \frac{\frac{8}{5}mv_0 l}{\frac{1}{3}M(2l)^2} = \frac{6mv_0}{5Ml}.$$

(1) 经分析可知, 棒从竖直位置开始转动到停止时, 系统的机械能守恒, 则有

$$\frac{1}{2}I_{棒}\omega_{棒}^2 = Mgl(1-\cos\theta),$$

则

$$1-\cos\theta = \frac{I_{棒}\omega_{棒}^2}{2Mgl},$$

$$\theta = \arccos\left(1-\frac{I_{棒}\omega_{棒}^2}{2Mgl}\right) = \arccos\left(1-\frac{24}{25}\left(\frac{m}{M}\right)^2\frac{v_0^2}{gl}\right).$$

（2）损失能量

$$\Delta E_k = E_{初} - E_{末} = \frac{1}{2}mv_0^2 - \left(\frac{1}{2}I_{棒}\omega_{棒}^2 + \frac{1}{2}m\frac{v_0^2}{25}\right)$$

$$= \frac{1}{2}m\frac{24}{25}v_0^2 - \frac{1}{2}\times\frac{1}{3}M(2l)^2\times\left(\frac{6mv_0}{5Ml}\right)^2$$

$$= \frac{1}{2}m\frac{24}{25}v_0^2 - \frac{1}{2}mv_0^2\frac{48}{25}\frac{m}{M}$$

$$= \frac{1}{2}mv_0^2\left(\frac{24}{25} - \frac{48m}{25M}\right).$$

2 物体的弹性

本章提要

1. 基本概念

(1) 外力、内力、应力

外力：物体受到来自其他物体的作用力.

内力：物体因受外力而变形,其内部各相邻点之间因相对位置改变而引起的相互作用力称为内力.

应力：反映分布在单位截面面积上的内力的物理量.

正应力：垂直于截面的应力, $\sigma = \dfrac{F}{S}$.

切应力：平行于截面的应力, $\tau = \dfrac{F}{S}$.

(2) 应变：反映物体形变相对变化程度的物理量.

正应变：$\varepsilon = \dfrac{\Delta l}{l_0}$.

切应变：$\gamma = \dfrac{\Delta x}{d} = \tan\varphi$.

(3) 弹性和范性

弹性形变：在一定的形变限度内,当外力撤除后,物体能恢复原状的形变.

范性形变：当外力超过某一限度,撤除外力后物体不能恢复原状的形变.

杨氏模量：在正比极限范围内,正应力与正应变之比值.

$$E = \dfrac{\sigma}{\varepsilon} = \dfrac{F/S}{\Delta l / l_0} = \dfrac{F\, l_0}{S\, \Delta l}$$

切变模量：在正比极限范围内,切应力与切应变的比值.

$$G = \dfrac{\tau}{\gamma} = \dfrac{F/S}{\varphi} = \dfrac{F}{S\varphi}$$

材料的延伸率：$\delta = \dfrac{l - l_0}{l_0} \times 100\%$.

(4) 黏弹性

在外力作用下,物体产生的形变对时间有依赖关系,且力学性质介于弹性固体和黏滞性流体之间的性质,黏弹性物质具有蠕变、应力松弛、滞后等力学特征.

(5) 骨的力学性质

骨是一种复杂物质,是一种有生命的各向异性、非均匀的复合材料,具有黏弹性和良好应力适应性,骨的一切功能都与它的优良性质相一致.骨的力学性质不仅与构成骨的复合材料的特性、骨的构造、外形有关,而且还受干湿程度、性别、年龄、应力集中、加载速率等因素影响.

2. 基本理论

肌肉的构造及肌丝的滑移理论:

肌肉由肌纤维组成;一个肌纤维细胞包括细胞膜、细胞核、细胞质等;光学显微镜可观察细胞质中排列着有明暗相间条纹的肌原纤维,一段完整的明暗纹称肌节;肌节中的暗带称 A 带,明带称 I 带;电镜下看到肌节中的暗带(A 带)是被称作粗肌丝的肌浆球蛋白,明带(I 带)是被称作细肌丝的肌动蛋白.肌纤维的收缩是由于细肌丝向 M 膜方向移动,这在 A 带长度不变之下使 I 带缩短,从而缩短了肌节长度,整个肌纤维也随之缩短了.细肌丝之所以向 M 膜方向移动是受到粗肌丝横桥拉力作用的结果.

习 题 精 解

2-1 阐述下列物理量的意义及它们之间的关系:(1)外力、内力、应力;(2)正应力、正应变、杨氏模量;(3)切应力、切应变、切变模量.

答:(1) 外力:物体受到的其他物体的作用力称为外力.

内力:物体因受外力而发生变形时,其内部相邻点之间因相对位置发生改变而引起的相互作用的力称为内力.

应力:截面某一点单位面积上的内力称为应力.

(2) 正应力:作用在物体上的与拉伸力或压缩力方向垂直的截面上的内力与该截面积 S 的比值.

正应变:物体受拉力或压力的作用后,长度的增量与物体原长的比值.

杨氏模量:当材料发生正应变时,在正比极限范围内的正应力与正应变之比,称为杨氏模量.

杨氏模量、正应力、正应变间的关系可以表示为 $E = \dfrac{\sigma}{\varepsilon}$.

(3) 切应力:平行于物体某截面的内力 F 与该截面积 S 的比值称为物体在此截面的切应力 $\tau = \dfrac{F}{S}$.

切应变：当物体产生剪切形变时，相互平行的上底面与下底面滑移的相对位移量 Δx 与两底面的距离 d 的比值 $\gamma = \dfrac{\Delta x}{d} = \tan\varphi$.

切变模量：在切应变情况下，在正比极限范围内的切应力与切应变的比值，称为切变模量.

切变模量、切应力、切应变的关系可以表示为 $G = \dfrac{\tau}{\gamma}$.

2-2 骨的功能适应性指什么？骨的力学性能与哪些因素有关？

答：骨的功能适应性主要指当生物体需要骨增加时，增加骨完成其功能的本领，而当生物体需要骨减少时，降低骨完成其功能的本领.

骨的力学性质不仅与构成骨的复合材料的特性、骨的构造、骨的外形密切相关，而且还受骨的干湿程度等因素的影响，同时还存在个体差异.

2-3 试简述肌肉收缩的肌丝滑移理论.

答：肌丝滑行理论主要指：横纹肌收缩时在形态上表现为整个肌肉和肌纤维的缩短，但在肌细胞内并无肌丝或它们所含的分子结构的缩短，而只是在每一个肌小节内发生了细肌丝向粗肌丝滑行. 结果使肌小节长度变短，造成整个肌原纤维、肌细胞和整条肌肉的缩短. 其证据是：肌肉收缩时，肌细胞的暗带长度不变，明带长度变短，而肌球蛋白（粗肌丝）在暗带，肌动蛋白（细肌丝）在明带.

2-4 试计算横截面积为 $5.0\ \text{cm}^2$ 的股骨，(1) 在拉力作用下，骨折发生时所具有的张力（抗拉强度为 1.2×10^8 Pa）；(2) 在 1.0×10^4 N 的压力作用下它的应变（$E = 9.4\times 10^9$ Pa）.

解：(1) 骨折发生时所具有的张力为

$$F = \sigma S = 1.2\times 10^8 \times 5.0\times 10^{-4} = 6.0\times 10^4\ (\text{N}).$$

(2) 应变的绝对值为

$$|\varepsilon| = \dfrac{\sigma}{E} = \dfrac{F}{ES} = \dfrac{1.0\times 10^4}{9.4\times 10^9 \times 5.0\times 10^{-4}} = 2.13\times 10^{-3}.$$

由于是压力，故应变应取负值，

$$\varepsilon = -2.13\times 10^{-3}.$$

2-5 松弛的二头肌伸长 2 cm 时所需要的力为 10 N. 当它处于紧张状态（主动收缩）时，伸长同样长度则需 200 N 的力. 若将它看成是一条长为 0.2 m、横截面积为 50 cm² 的圆柱体，试求上述两种状态下的弹性模量.

解：(1) 正应力

$$\sigma = \frac{F}{S} = \frac{10}{50 \times 10^{-4}} = 2 \times 10^3 \, (\text{Pa}),$$

正应变为

$$\varepsilon = \frac{\Delta l}{l} = \frac{0.02}{0.2} = 0.1,$$

杨氏模量为

$$E = \frac{\sigma}{\varepsilon} = \frac{2 \times 10^3}{0.1} = 2 \times 10^4 \, (\text{Pa}).$$

(2) 正应力

$$\sigma = \frac{F}{S} = \frac{200}{50 \times 10^{-4}} = 4 \times 10^4 \, (\text{Pa}),$$

正应变为

$$\varepsilon = \frac{\Delta l}{l} = \frac{0.02}{0.2} = 0.1,$$

杨氏模量为

$$E = \frac{\sigma}{\varepsilon} = \frac{4 \times 10^4}{0.1} = 4 \times 10^5 \, (\text{Pa}).$$

2-6 设某人下肢骨长 0.6 m，平均横截面积 3.0 cm²，该人体重 800 N，问此人双足站立时下肢骨缩短了多少？($E = 9.4 \times 10^9$ Pa)

解： 依题意，正应力

$$\sigma = \frac{F}{S} = \frac{\frac{800}{2}}{3 \times 10^{-4}} = 1.33 \times 10^6 \, (\text{Pa}),$$

正应变为

$$\varepsilon = \frac{\sigma}{E} = \frac{1.33 \times 10^6}{9.4 \times 10^9} = 1.42 \times 10^{-4},$$

下肢骨缩短的长度为

$$\Delta l = \varepsilon l = 1.42 \times 10^{-4} \times 0.6 = 0.085 \, (\text{mm}).$$

2-7 在边长为 2.0×10^{-2} m 的立方体的两个相对面上，各施以 9.8×10^2 N 的切向力，施力后两个面的相对位移为 1.0×10^{-3} m，求其切变模量。

解：依题意，切应力

$$\tau = \frac{F}{S} = \frac{9.8 \times 10^2}{4.0 \times 10^{-4}} = 2.45 \times 10^6 \text{(Pa)},$$

切应变为

$$\gamma = \frac{\Delta x}{d} = \frac{1.0 \times 10^{-3}}{2.0 \times 10^{-2}} = 0.050,$$

切变模量为

$$G = \frac{\tau}{\gamma} = \frac{2.45 \times 10^6}{0.050} = 4.9 \times 10^7 \text{(Pa)}.$$

2-8 试简述黏弹性物质的应力-应变的特征.

解：黏弹性物质的应力与应变具有如下三个特征：

(1) 蠕变. 若保持应力一定，则开始有一迅速的较大应变，随后有一缓慢的持续应变过程，最后才达到具有恒定应变的稳定状态，这种现象称为蠕变.

(2) 应力松弛. 若保持应变一定，则开始所加的应力要大些，然后逐步减小，最后达到一恒定应力.

(3) 迟滞环. 若对黏弹性物质做周期性的加载和卸载，则加载时的应力-应变关系曲线与卸载时的应力-应变关系曲线不相重合所形成的一种闭合环状曲线.

3 流体动力学基础

本章提要

1. 基本概念

(1) 理想流体:绝对不可压缩及完全没有黏滞性的流体称为理想流体.它是流体的可压缩性及黏滞性都处于极为次要地位而可被忽略时的一种理想模型.

(2) 稳定流动:流体中各点的流速均不随时间变化的流动称为稳定流动,是实际流动的一种特殊情况.

(3) 流线与流管:为形象地描述流体流动而提出的一些假想曲线,曲线上每一点的切线方向均与该点的流速方向相同,而曲线的疏密程度表明该处流速的大小.由一束流线围成的封闭管状空间称为流管.

(4) (体积)流量:单位时间内通过流管中某一截面的流体体积.

(5) 黏滞系数(黏度):流体黏滞性大小的量度.

(6) 速度梯度:速度的空间变化率.

(7) 流阻:它是指流体各流层之间的相互作用及流体与固体之间相互作用的综合效果,表现为对流体流动的阻力.

2. 基本规律及公式

(1) 连续性方程:不可压缩流体做稳定流动时,通过同一流管任一截面的流量都相等.

$$Q = Sv = 恒量$$

(2) 伯努利方程:理想流体做稳定流动时,在同一流管中任一截面处或同一流线上任一点处,单位体积流体的动能、势能和压强能之和是恒量.

$$\frac{1}{2}\rho v^2 + \rho g h + p = 恒量$$

(3) 伯努利方程的修正式:考虑到实际流体的黏滞性及外加动力,伯努利方程被修正为

$$\frac{p_1}{\gamma} + \frac{v_1^2}{2g} + h_1 + L_{外} = \frac{p_2}{\gamma} + \frac{v_2^2}{2g} + h_2 + L_{损}$$

(4) 牛顿黏滞性定律

$$f = \eta \frac{dv}{dx} S$$

在血液流变学中，牛顿黏滞性定律常被表示为

$$\tau = \eta \dot{\gamma}$$

(5) 泊肃叶定律：不可压缩的牛顿流体在水平圆管中做稳定层流时，流量

$$Q = \frac{\pi R^4 \Delta p}{8 \eta L}$$

泊肃叶定律的推广形式

$$Q = \frac{\Delta p}{Z}$$

(6) 斯托克斯定律

$$f = 6\pi \eta r v$$

适用于小球在黏性较大的流体中做缓慢运动的情况．

习 题 精 解

3-1 在稳定流动中，在任一点处速度矢量是恒定不变的，那么流体质点能否有加速运动？

答：有可能．

3-2 连续性方程和伯努利方程适用的条件是什么？

答：(1) 连续性方程适用条件是：同一流管中的流体，不可压缩且作稳定流动．

(2) 伯努利方程适用条件是：理想流体做稳定流动时同一根流管的任意截面或同一根流线上的任意点．

3-3 将内径为 2 cm 的软管连接到草坪的洒水器上，洒水器装一个有 20 个小孔的莲蓬头，每个小孔的直径约为 0.5 cm，如果水在软管中的流速为 $1 \text{ m} \cdot \text{s}^{-1}$，试问由各小孔喷出的水的速率．

解：根据连续性方程

$$S_1 v_1 = S_2 v_2,$$

得

$$v_2 = \frac{S_1 v_1}{S_2} = \frac{\frac{1}{4}\pi d_1^2}{20 \times \frac{1}{4}\pi d_2^2} v_1 = \frac{1}{20} \times \frac{d_1^2}{d_2^2} v_1 = \frac{1}{20} \times \frac{2^2}{0.5^2} \times 1 = 0.8 (\text{m/s}).$$

3-4 水在水平管中做稳定流动,出口处截面积为管最细处的3倍,若出口处的流速为 2.0 m·s^{-1},问最细处的流速多大?若在此处下壁开一小孔,水会不会流出来?

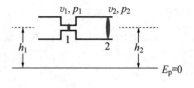

题 3-4 图

解：如题3-4图所示,取水平面为零势能面,根据伯努利方程

$$p_1 + \frac{1}{2}\rho v_1^2 + \rho g h_1 = p_2 + \frac{1}{2}\rho v_2^2 + \rho g h_2,$$

因为

$$h_1 = h_2,$$

于是得

$$p_1 + \frac{1}{2}\rho v_1^2 = p_2 + \frac{1}{2}\rho v_2^2,$$

由连续性方程

$$S_1 v_1 = S_2 v_2,$$

得

$$v_2 = \frac{S_1 v_1}{S_2} = \frac{v_1}{3},$$

$$v_1 = 3v_2 = 6 \text{ m/s}.$$

则

$$p_1 = p_2 + \frac{1}{2}\rho v_2^2 - \frac{1}{2}\rho v_1^2 < p_2 = p_0.$$

p_0 为大气压强.

所以,在图中1处开一小孔,水不会流出来.

3-5 一圆桶底面积 $S = 0.06 \text{ m}^2$,盛有高 $H = 0.7 \text{ m}$ 的水,桶底有一面积 $S' = 1 \text{ cm}^2$ 的小孔.问当拔去孔塞后,桶内的水全部流尽需多长时间?

解：依题意，如题 3-5 图所示，小孔流速为

$$v_2 = \sqrt{2gy},$$

由连续性方程

$$S_1 v_1 = S_2 v_2,$$

得

$$v_1 = \frac{S_2}{S_1} v_2 = \sqrt{2gy}\,\frac{S_2}{S_1},$$

又因

$$v_1 = -\frac{\mathrm{d}y}{\mathrm{d}t},$$

即

$$-\frac{\mathrm{d}y}{\mathrm{d}t} = \sqrt{2gy}\,\frac{S_2}{S_1},$$

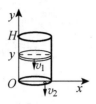

题 3-5 图

所以

$$\mathrm{d}t = -\frac{S_1}{S_2} \cdot \frac{1}{\sqrt{2gy}}\,\mathrm{d}y,$$

$$t = \int_H^0 -\frac{S_1}{S_2}\cdot\frac{1}{\sqrt{2gy}}\mathrm{d}y = 2\frac{S_1}{S_2}\frac{\sqrt{H}}{\sqrt{2g}} = 2\times\frac{0.06}{1\times 10^{-4}}\times\sqrt{\frac{0.7}{20}} \approx 224.5(\mathrm{s}).$$

3-6 如题 3-6 图所示，液体在一水平流管中流动，流量为 Q，A、B 两处的横截面积分别为 S_A 和 S_B，B 管口与大气相通，压强为 p_0，在 A 处用一细管与容器 C 相通，试证：当 A 处的压强低至刚好能将比管道低 h 处的同种液体吸上来时，h 应满足下式：

$$h = \frac{Q^2}{2g}\left(\frac{1}{S_A^2} - \frac{1}{S_B^2}\right).$$

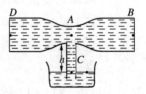

题 3-6 图

解：依题意，根据伯努利方程

$$p_A + \frac{1}{2}\rho v_A^2 + \rho g h_A = p_B + \frac{1}{2}\rho v_B^2 + \rho g h_B,$$

选取水平流管的中心线为零势能面，

$$h_A = h_B,$$

根据连续性方程

$$S_A v_A = S_B v_B,$$

综合以上关系得

$$p_B - p_A = \frac{1}{2}\rho\left(\frac{Q^2}{S_A^2} - \frac{Q^2}{S_B^2}\right),$$

由于

$$p_B = p_C,$$
$$p_C - p_A = \rho g h.$$

因而

$$p_B - p_A = \rho g h,$$

因此

$$h = \frac{Q^2}{2g}\left(\frac{1}{S_A^2} - \frac{1}{S_B^2}\right).$$

3-7 设有两只桶,用号码1和2表示,每个桶顶都开有一个大口,两个桶中盛有不同的液体,在每个桶的侧面与液面相距相同深度 h 处都开有一个小孔,但桶1小孔的面积为桶2小孔面积的一半,问:

(1) 若由两个小孔流出的质量流量(即单位时间内流过截面的质量)相同,则两液体的密度比值 ρ_1/ρ_2 为多少?

(2) 从这两只桶流出的体积流量的比值是多少?

(3) 在第二个桶的孔以上要增加或排出多少高度的液体,才能使两桶的体积流量相等?

解:(1) 依题意,两只桶从各自小孔流出的质量流量相等,即

$$v_1 S_1 \rho_1 = v_2 S_2 \rho_2, \quad S_1 = \frac{1}{2}S_2.$$

根据小孔流速的公式得

$$v_1 = v_2 = \sqrt{2gh},$$

因此

$$\frac{\rho_1}{\rho_2} = \frac{S_2}{S_1} = 2.$$

(2) 根据体积流量公式 $Q = Sv$ 和以上关系得

$$\frac{Q_1}{Q_2} = \frac{S_1 v_1}{S_2 v_2} = \frac{\rho_2}{\rho_1},$$

因此

$$\frac{Q_1}{Q_2} = \frac{1}{2}.$$

(3) 依题意,两小孔体积流量相等,即

$$v_1 S_1 = v_2 S_2,$$

得

$$v_2 = v_1 \frac{S_1}{S_2} = \frac{v_1}{2},$$

由小孔流速公式得

$$\sqrt{h_2} = \frac{\sqrt{h_1}}{2},$$

即

$$h_2 = \frac{h_1}{4} = \frac{h}{4},$$

第2只桶排出 $\dfrac{3h}{4}$ 高度的液体后才能使两桶的体积流量相等.

3-8 20 ℃的水以 0.5 m·s^{-1} 的速度在直径为 3 mm 的管内流动,水的黏度 $\eta = 1.009 \times 10^{-3}$ Pa·s. 试求:

(1) 雷诺数是多少?
(2) 是哪一种类型的流动?

解:(1) 依题意,流体的雷诺数为

$$Re = \frac{\rho v r}{\eta} = \frac{1.0 \times 10^3 \times 0.5 \times 1.5 \times 10^{-3}}{1.009 \times 10^{-3}}$$
$$= 743.31.$$

(2) 因为 $Re < 1\,000$,所以该流体的流动状态为层流.

3-9 20 ℃的水,在半径为 1.0 cm 的管内流动,如果管中心处的流速为 10 cm·s^{-1},试问由于黏滞性使得管长为 2 m 的两个端面间的压强降落了多少?

解： 根据公式 $v = \dfrac{p_1 - p_2}{4\eta l}(R^2 - r^2)$ 和已知条件，当 $r = 0$ 时，$v = 0.1 \text{ m/s}$，

$$p_1 - p_2 = \frac{4\eta l v}{R^2 - r^2} = \frac{4 \times 1.009 \times 10^{-3} \times 2.0 \times 0.10}{0.01^2 - 0^2} \approx 8 \text{(Pa)}.$$

3-10 体积为 25 cm^3 的水在均匀的水平管内从压强为 $1.3 \times 10^5 \text{ Pa}$ 的截面稳定流到压强为 $1.1 \times 10^5 \text{ Pa}$ 的截面时克服阻力所做的功是多少？

解： 实际流体的伯努利方程为

$$p_1 + \frac{1}{2}\rho v_1^2 + \rho g h_1 = p_2 + \frac{1}{2}\rho v_2^2 + \rho g h_2 + w_{12},$$

其中，w_{12} 为单位体积的水在流动时损耗的能量。

根据题意，

$$h_1 = h_2, v_1 = v_2,$$

则

$$w_{12} = p_1 - p_2 = (1.3 - 1.1) \times 10^5 = 0.2 \times 10^5 \text{(Pa)},$$

克服阻力做功为

$$A = w_{12}V = 0.2 \times 10^5 \times 25 \times 10^{-6} = 0.5 \text{(J)}.$$

3-11 一条半径为 3.0 mm 的小动脉内因出现一硬斑块而变窄，此处有效半径为 2.0 mm。设无斑块部位的平均血流速度为 $5.0 \text{ cm} \cdot \text{s}^{-1}$。试问：

(1) 狭窄处的平均血流速度是多少？

(2) 狭窄处会不会发生湍流？（已知血液黏度 $\eta = 3.0 \times 10^{-3} \text{ Pa} \cdot \text{s}$，其密度 $\rho = 1.05 \times 10^3 \text{ kg} \cdot \text{m}^{-3}$）

解： (1) 依题意，根据连续性原理得

$$v_1 S_1 = v_2 S_2,$$

$$v_2 = \frac{v_1 S_1}{S_2} = \left(\frac{d_1}{d_2}\right)^2 v_1 = \left(\frac{3}{2}\right)^2 \times 5.0 = 11.25 \text{(cm/s)}.$$

(2) 根据雷诺数的公式可得

$$Re = \frac{\rho v r}{\eta} = \frac{1.05 \times 10^3 \times 11.25 \times 10^{-2} \times 2 \times 10^{-3}}{3 \times 10^{-3}}$$

$$= 78.75 < 1\,000,$$

所以流体流动状态为层流，不会发生湍流。

3-12 成年人主动脉的半径约为 $R=1.0\times10^{-2}$ m,长约为 $L=0.20$ m,求这段主动脉的流阻及其两端的压强差. 设心脏的输出量为 $Q=1.0\times10^{-4}$ m$^3\cdot$s^{-1},血液黏度 $\eta=3.0\times10^{-3}$ Pa·s.

解：依题意,根据流阻的公式得,

$$Z=\frac{8\eta L}{\pi R^4}=\frac{8\times3\times10^{-3}\times0.2}{3.14\times(1.0\times10^{-2})^4}=1.53\times10^5(\text{Pa}\cdot\text{m}^{-3}\cdot\text{s}),$$

$$\Delta p=Z\cdot Q=1.53\times10^5\times1.0\times10^{-4}=15.3(\text{Pa}).$$

3-13 直径为 0.01 mm 的水滴处于以速度为 2 cm·s^{-1} 的上升气流中,该水滴是否会向地面落下？(设此时空气的黏度 $\eta=1.8\times10^{-5}$ Pa·s)

解：根据斯托克斯定律得

$$f=6\pi\eta rv=6\times3.14\times1.8\times10^{-5}\times0.005\times10^{-3}\times2.0\times10^{-2}$$
$$\approx3.39\times10^{-11}(\text{N}),$$

水滴重力为

$$G=mg=\rho Vg=\rho\frac{4}{3}\pi\left(\frac{d}{2}\right)^3 g$$
$$=1.0\times10^3\times\frac{4}{3}\times3.14\times(0.005\times10^{-3})^3\times10$$
$$\approx5.23\times10^{-12}(\text{N}).$$

因为 $G<f$,所以水滴不会落下.

3-14 液体中有一空气泡,泡的直径为 1 mm,液体的黏度为 0.15 Pa·s,密度为 0.9×10^3 kg·m^{-3}. 问:(1) 空气泡在该液体中上升时的收尾速度是多少?
(2) 如果这个空气泡在水中上升时,收尾速度是多少?(水的密度取 10^3 kg·m^{-3},黏度为 1×10^{-3} Pa·s)
假设忽略空气泡的重量.

解：(1) 空气泡在液体中受到的浮力为

$$F_\text{浮}=\rho gV=\rho\frac{4}{3}\pi\left(\frac{d}{2}\right)^3 g$$
$$=0.9\times10^3\times\frac{4}{3}\times3.14\times(0.5\times10^{-3})^3\times10=4.71\times10^{-6}(\text{N}).$$

根据斯托克斯定律 $f=6\pi\eta rv$,和匀速运动的条件 $F_\text{浮}=f$,可得气泡上升的收尾速度值为

$$v=\frac{F_\text{浮}}{6\pi\eta r}=\frac{\rho gV}{6\pi\eta r}=\frac{4.71\times10^{-6}}{6\times3.14\times0.15\times0.5\times10^{-3}}\approx3.3\times10^{-3}(\text{m/s}).$$

(2) 若气泡在水中,根据上式可得其收尾速度为

$$v = \frac{F_{浮}}{6\pi\eta r} = \frac{\rho g V}{6\pi\eta r} = \frac{1.0\times10^3\times10\times\frac{4}{3}\times3.14\times(0.5\times10^{-3})^3}{6\times3.14\times1.0\times10^{-3}\times0.5\times10^{-3}}$$
$$\approx 0.56(\text{m/s}).$$

3-15 一个红细胞可近似地看做为一个半径为 2.0×10^{-6} m 的小球,它的密度为 1.3×10^3 kg·m^{-3},求红细胞在重力作用下,在 37 ℃ 的血液中均匀下降后沉降 1.0 cm 所需的时间。(已知血液黏度 $\eta=3.0\times10^{-3}$ Pa·s,密度 $\rho=1.056\times10^3$ kg·m^{-3})

解:根据收尾速度的公式

$$v = \frac{2}{9}\times\frac{gr^2}{\eta}\times(\rho-\rho')$$

可得

$$v = \frac{2}{9}\times\frac{10\times(2.0\times10^{-6})^2}{3\times10^{-3}}\times(1.3-1.056)\times10^3$$
$$\approx 7.23\times10^{-7}(\text{m/s}),$$

此时,红细胞匀速下降 1 cm 所需时间为

$$\Delta t = \frac{l}{v} = \frac{1.0\times10^{-2}}{7.23\times10^{-7}} = 1.38\times10^4(\text{s}).$$

4 液体的表面现象

本章提要

1. 基本概念

(1) 表面层：它是指液面下厚度约等于分子作用半径的一层液体.

(2) 附着层：它是指和固体接触处的厚度等于分子作用半径的一层液体.

(3) 表面张力系数：它是指作用在单位长度分界线上的表面张力.其大小与液体的性质、液体接触物质及温度等因素有关.

(4) 接触角：它是指接触点处液面的切线经液体内部与固体表面所夹的角. $\theta < 90°$,润湿；$\theta = 0°$,完全润湿；$\theta > 90°$,不润湿；$\theta = 180°$,完全不润湿.

(5) 气体栓塞：液体在细管中流动时,因混入气泡而使液体不能流动的现象.

(6) 表面活性物质：可使液体的表面张力系数减小或使表面能减小的物质.

2. 基本公式

(1) 表面张力：
$$f = \alpha l$$

(2) 表面能：
$$\Delta E = \Delta A = \alpha \Delta S$$

(3) 弯曲液面的附加压强：
$$p_s = \frac{2\alpha}{R}$$

(4) 毛细现象：
$$h = \frac{2\alpha \cos\theta}{\rho g r}$$

习题精解

4-1 表面张力产生的原因是什么？如何确定表面张力的大小和方向？

答：分子间的作用力. $f = \alpha l$,方向与 l 垂直,沿表面切线方向.

4-2 何谓接触角？何谓润湿与不润湿？试从微观上加以说明.

答：在固体和液面的接触处,液体表面的切线绕过(包含)液体与固体表面的切线间的夹角.

当夹角 θ 满足 $0° \leqslant \theta < 90°$ 时,为润湿.附着力大于内聚力;

当 $90° < \theta \leqslant 180°$ 时,为不润湿,附着力小于内聚力.

4-3 写出弯曲液面下的凹面压强 $p_凹$、凸面压强 $p_凸$ 与附加压强 p_S 的关系.

答: $p_凸 = p_0 + p_S$, $p_凹 = p_0 - p_S$, $p_S = \dfrac{2\alpha}{R}$.

4-4 潜水员从深水处上浮时,为何要控制上浮速度?

答:在深水处,人体血液内有多于在海面上人体血液内的氮气.如果快速上浮,那么这些氮气来不及通过肺排出,便会在血管中胀大阻塞血管而出现气体栓塞现象,使血液不能流动而引起休克.只有慢慢上浮,使得血液中的氮气逐渐排出,才不致发生上述现象.

4-5 将一个体积为 V 的大油滴打碎成 N 个体积相同的小油滴需做多少功?设油的表面张力系数为 α.

解:设小液滴的半径为 r,大油滴的半径为 R,V 为大油滴的体积,N 为小油滴的个数.

依题意,

$$N \frac{4}{3}\pi r^3 = \frac{4}{3}\pi R^3 = V,$$

可得

$$r = \left(\frac{3V}{4\pi N}\right)^{1/3}, \ R = \left(\frac{3V}{4\pi}\right)^{1/3}.$$

表面积的变化为

$$\Delta S = N 4\pi r^2 - 4\pi R^2 = N 4\pi \left(\frac{3V}{N \times 4\pi}\right)^{\frac{2}{3}} - 4\pi \left(\frac{3V}{4\pi}\right)^{\frac{2}{3}}$$

$$= \sqrt[3]{36\pi V^2}\,(\sqrt[3]{N} - 1),$$

根据功能原理,外力所做的功

$$A = \Delta E = \alpha \Delta S = \alpha \sqrt[3]{36\pi V^2}\,(\sqrt[3]{N} - 1).$$

4-6 在空气中有一半径为 1.0 mm 的肥皂泡,设肥皂液的表面张力系数 $\alpha = 2.0 \times 10^{-2}$ N/m,求泡内的压强.

解:依题意,根据弯曲液面的附加压强公式,并考虑到肥皂泡有内、外两个弯曲表面,其泡内压强为

$$p_{内} = p_0 + \frac{4\alpha}{R} = 1.013 \times 10^5 + \frac{4 \times 2.0 \times 10^{-2}}{1.0 \times 10^{-3}}$$
$$= 1.0138 \times 10^5 \text{(Pa)}.$$

4-7 水沸腾时,在其表面下方附近形成半径为 1.00×10^{-3} m 的气泡,已知泡外压强为 p_0,水在 100 ℃ 时的表面张力系数为 5.89×10^{-2} N/m,求气泡内的压强.

解:依题意,经分析得,
$$p_{内} = p_0 + \frac{2\alpha}{R} = 1.013 \times 10^5 + \frac{2 \times 5.89 \times 10^{-2}}{1.0 \times 10^{-3}}$$
$$= 1.0142 \times 10^5 \text{(Pa)}.$$

4-8 将内半径为 0.15 mm 的玻璃毛细管插入乙醇中,管内乙醇上升到高出液面 3.90 cm 的高度.设乙醇能完全润湿玻璃管壁,试求乙醇的表面张力系数.(乙醇的密度为 791 kg/m³.)

解:如题 4-8 图所示,依题意,通过分析液体内、外及弯曲液面的压强,可得

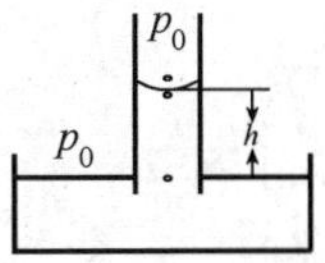

$$p_0 - \frac{2\alpha}{R} + \rho g h = p_0,$$

题 4-8 图

解此方程得

$$\rho g h = \frac{2\alpha}{R},$$

$$\alpha = \frac{\rho g R h}{2} = \frac{791 \times 10 \times 0.15 \times 10^{-3} \times 3.9 \times 10^{-2}}{2} = 2.31 \times 10^{-2} \text{(N/m)}.$$

4-9 表面张力系数 $\alpha = 7.3 \times 10^{-2}$ N/m 的水,在竖直毛细管中上升 2.5 cm,丙酮($\rho = 792$ kg/m³)在同样的毛细管中上升 1.4 cm,设二者均完全润湿毛细管,求丙酮的表面张力系数.

解:依题意分析可得,

$$\rho_{水} g h_{水} = \frac{2\alpha_{水}}{R},$$

$$\rho_{丙酮} g h_{丙酮} = \frac{2\alpha_{丙酮}}{R},$$

由以上两式整理得,

$$\alpha_{\text{丙酮}} = \rho_{\text{丙酮}} h_{\text{丙酮}} \times \frac{\alpha_{\text{水}}}{\rho_{\text{水}} h_{\text{水}}} = 792 \times 1.4 \times 10^{-2} \times \frac{7.3 \times 10^{-2}}{1.0 \times 10^{3} \times 2.5 \times 10^{-2}}$$
$$= 3.24 \times 10^{-2} (\text{N/m}).$$

4-10 在内半径 $r = 0.30$ mm 的毛细管中注入水，水的表面张力系数为 7.3×10^{-2} N/m，接触角为 $0°$，在管的下端形成半径 $R = 3.0$ mm 的水滴．求管中水柱的高度 h．

解：如题 4-10 图所示，依题意可得以下一些压强关系，

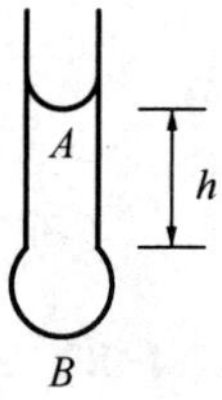

$$p_0 - p_A = \frac{2\alpha_{\text{水}}}{R_A}, \quad p_B - p_0 = \frac{2\alpha_{\text{水}}}{R_B}, \quad p_A + \rho g h = p_B,$$

$$\rho g h = \frac{2\alpha_{\text{水}}}{R_A} + \frac{2\alpha_{\text{水}}}{R_B},$$

解上述方程得

题 4-10 图

$$h = \frac{2\alpha_{\text{水}}}{\rho g}\left(\frac{1}{R_A} + \frac{1}{R_B}\right) = \frac{2 \times 7.3 \times 10^{-2}}{1.0 \times 10^{3} \times 10}\left(\frac{1}{0.3 \times 10^{-3}} + \frac{1}{3 \times 10^{-3}}\right)$$
$$= 5.36 \times 10^{-2} (\text{m}).$$

5 气体动理论

本章提要

1. 基本概念

(1) 理想气体(模型)：① 忽略分子大小；② 忽略分子间作用力；③ 分子与分子，分子与容器壁间的碰撞为弹性碰撞．

(2) 统计性假设：它是指气体处于热平衡状态时，对大量气体分子来说，分子沿各方向运动的机会是均等的，分子沿任一个方向的运动并不比其他方向更占优势．

(3) 自由度：它是指决定一个物体在空间的位置所需要的最少的独立坐标数．

(4) 理想气体的内能：它是指组成理想气体的所有分子的能量的总和．

(5) 宏观量与微观量的关系：宏观量是大量微观量的统计平均值．

2. 基本定理及公式

(1) 理想气体状态方程

$$pV = \frac{M}{M_{mol}}RT, \qquad p = nkT.$$

(2) 理想气体压强公式

$$p = \frac{2}{3}n\left(\frac{1}{2}m\overline{v^2}\right) = \frac{2}{3}n\bar{\varepsilon}.$$

(3) 温度的统计意义

$$\bar{\varepsilon} = \frac{3}{2}kT.$$

(4) 能量均分定理

能量均分定理：平均每个分子每个自由度的能量为 $\frac{1}{2}kT$．

每个分子的平均平动动能为 $\frac{3}{2}kT$．

每个分子的平均能量为 $\frac{i}{2}kT$．

1 mol 理想气体的内能为 $\frac{i}{2}RT$．

质量为 M 的理想气体的内能为 $\dfrac{M}{M_{mol}}\dfrac{i}{2}RT$.

上式中 $i = t + r + 2s$.

(5) 麦克斯韦速率分布律

$$f(v) = 4\pi\left(\dfrac{m}{2\pi kT}\right)^{\frac{3}{2}} e^{-\frac{mv^2}{2kT}} v^2.$$

$$\dfrac{\mathrm{d}N}{N} = f(v)\mathrm{d}v.$$

$$\dfrac{\Delta N}{N} = \int_{v_1}^{v_2} f(v)\mathrm{d}v.$$

$$\Delta N = N\int_{v_1}^{v_2} f(v)\mathrm{d}v.$$

三种统计速率

算术平均速率：$\bar{v} = \sqrt{\dfrac{8kT}{\pi m}} = \sqrt{\dfrac{8RT}{\pi M_{mol}}} \approx 1.60\sqrt{\dfrac{RT}{M_{mol}}}$.

方均根速率：$\sqrt{\overline{v^2}} = \sqrt{\dfrac{3kT}{m}} = \sqrt{\dfrac{3RT}{M_{mol}}} \approx 1.73\sqrt{\dfrac{RT}{M_{mol}}}$.

最概然速率：$v_p = \sqrt{\dfrac{2kT}{m}} = \sqrt{\dfrac{2RT}{M_{mol}}} \approx 1.41\sqrt{\dfrac{RT}{M_{mol}}}$.

(6) 玻耳兹曼分布律

重力场中粒子(分子、微粒)按高度的分布

$$n = n_0 e^{-\frac{mgz}{kT}} \quad (n_0 \text{ 是 } z = 0 \text{ 处粒子数密度})$$

(7) 范德瓦耳斯方程

$$\left(p + \left(\dfrac{m}{M}\right)^2 \dfrac{a}{V^2}\right)\left(V - \dfrac{m}{M}b\right) = \dfrac{m}{M}RT.$$

它是反映物质的量为 $\dfrac{m}{M}$mol 的实际气体在平衡状态下的状态方程.

习题精解

5-1 对一定质量的气体而言,温度不变时,气体的压强随体积的增大而减小;体积不变时,气体的压强随温度的升高而增大. 试从微观角度加以解释.

答：(1) T 不变,则 $\bar{\varepsilon}_k$ 不变;V 增加,则 $n\left(n = \dfrac{N}{V}\right)$ 下降,单位时间内碰撞到容器壁单位面积上的分子数减少,平均冲力减少,因而压强降低.

(2) V 不变,则 $n\left(n=\dfrac{N}{V}\right)$ 不变,T 增加,则 $\bar{\varepsilon}_k$ 增加,每一个分子与容器壁碰撞后给容器的冲力增加,单位时间内对单位面积容器壁的平均冲力增大,因而压强增加.

5-2 下列系统各有多少个自由度:(1) 在一平面上自由运动的粒子;(2) 可以在平面上运动并可绕垂直于该平面的轴转动的硬币;(3) 一个弯成三角形的金属棒在空间自由运动.

答:(1) 2 个;(2) 3 个;(3) 6 个.

5-3 试述下列各式所表示的物理意义.

(1) $\dfrac{1}{2}kT$; (2) $\dfrac{3}{2}kT$; (3) $\dfrac{i}{2}kT$; (4) $\dfrac{i}{2}RT$; (5) $\dfrac{M}{M_{\text{mol}}}\dfrac{i}{2}RT(i=t+r+2s)$.

答:$\dfrac{1}{2}kT$,一个自由度上的平均能量.

$\dfrac{3}{2}kT$,分子平均平动能.

$\dfrac{i}{2}kT$,分子平均总能量.

$\dfrac{i}{2}RT$,1 mol 理想气体内能.

$\dfrac{M}{M_{\text{mol}}}\dfrac{i}{2}RT$,$\dfrac{M}{M_{\text{mol}}}$ 摩尔的理想气体的内能.

5-4 试说明下列各式的物理意义:

(1) $f(v)\mathrm{d}v$; (2) $Nf(v)\mathrm{d}v$; (3) $\displaystyle\int_{v_1}^{v_2}f(v)\mathrm{d}v$; (4) $\displaystyle\int_{v_1}^{v_2}Nf(v)\mathrm{d}v$;

(5) $\displaystyle\int_{v_1}^{v_2}vf(v)\mathrm{d}v$; (6) $\displaystyle\int_{v_1}^{v_2}Nvf(v)\mathrm{d}v$.

答:$f(v)\mathrm{d}v$,分子速率分布在 $v\sim v+\mathrm{d}v$ 之间分子数占总的分子数的比率.

$Nf(v)\mathrm{d}v$,分子速率分布在 $v\sim v+\mathrm{d}v$ 之间分子数.

$\displaystyle\int_{v_1}^{v_2}f(v)\mathrm{d}v$,分子速率分布在 $v_1\sim v_2$ 之间分子数占总的分子数的比率.

$\displaystyle\int_{v_1}^{v_2}Nf(v)\mathrm{d}v$,分子速率分布在 $v_1\sim v_2$ 之间的分子数.

$\displaystyle\int_{v_1}^{v_2}vf(v)\mathrm{d}v$,分子速率分布在 $v_1\sim v_2$ 之间的所有分子的速率之和除以总的分子数.

$\displaystyle\int_{v_1}^{v_2}Nvf(v)\mathrm{d}v$,分子速率分布在 $v_1\sim v_2$ 之间的所有分子的速率之和.

5-5 将理想气体压缩,使其压强增加 $1.01×10^4$ Pa,温度保持为 27 ℃.问分子数密度增加多少?

解:根据 $p = nkT$,温度不变时,有
$$\Delta p = \Delta n kT,$$
$$\Delta n = \frac{\Delta p}{kT} = \frac{1.01 \times 10^4}{1.38 \times 10^{-23} \times 300}$$
$$= 2.44 \times 10^{24} (\text{m}^{-3}).$$

5-6 一容器内贮有气体,温度为 27 ℃.问:(1) 当压强为 $1.013×10^5$ Pa 时,在 1 m^3 中有多少个分子;(2) 在高真空时,压强为 $1.33×10^2$ Pa,在 1 m^3 中有多少个分子?

解:(1) 根据 $p = nkT$,得
$$n = \frac{p}{kT} = \frac{1.013 \times 10^5}{1.38 \times 10^{-23} \times 300} = 2.447 \times 10^{25} (\text{m}^{-3}),$$
$$N = nV = n \times 1 = 2.447 \times 10^{25} (\text{个}).$$

(2) 根据 $p = nkT$,得
$$n = \frac{p}{kT} = \frac{1.33 \times 10^2}{1.38 \times 10^{-23} \times 300} = 3.21 \times 10^{22} (\text{m}^{-3}),$$
$$N = nV = n \times 1 = 3.21 \times 10^{22} (\text{个}).$$

5-7 一容器中贮有压强为 1.33 Pa,温度为 27 ℃的气体.问:(1) 气体分子的平均平动动能是多少? (2) 1 cm^3 中分子具有的总平动动能是多少?

解:(1) 依题意,
$$\bar{\varepsilon}_k = \frac{3}{2} kT = \frac{3}{2} \times 1.38 \times 10^{-23} \times 300 = 6.21 \times 10^{-21} (\text{J}),$$

(2) $p = nkT$, $n = \frac{p}{kT} = \frac{1.33}{1.38 \times 10^{-23} \times 300} \approx 3.21 \times 10^{20} (\text{m}^{-3}),$

$N = nV = 3.21 \times 10^{20} \times 1.0 \times 10^{-6} = 3.21 \times 10^{14} (\text{个}),$

$\bar{E}_k = n\bar{\varepsilon}_k = 3.21 \times 10^{14} \times 6.21 \times 10^{-21} = 1.99 \times 10^{-6} (\text{J}).$

5-8 求压强为 $1.013×10^5$ Pa、质量为 $2×10^{-3}$ kg、体积为 $1.54×10^{-3}$ m^3 的氧气的分子平均平动动能.

解:设分子质量为 $m_{分子}$,系统质量为 m,摩尔质量为 M,密度为 ρ,
$$\rho = nm_{分子}, n = \frac{\rho}{m_{分子}} = \frac{m}{m_{分子}} \frac{1}{V} = \frac{N_A}{V} \frac{m}{M},$$

由 $p = \frac{2}{3}n\bar{\varepsilon}_k$，得

$$\bar{\varepsilon}_k = \frac{3p}{2n} = \frac{3p}{2} \cdot \frac{V}{N_A}\frac{M}{m} = \frac{3}{2} \times 1.013 \times 10^5 \times \frac{1.54 \times 10^{-3}}{6.022 \times 10^{23}} \times \frac{32 \times 10^{-3}}{2 \times 10^{-3}}$$

$$\approx 6.22 \times 10^{-21}(J).$$

5-9 1 mol 的氦气，其分子平动动能的总和为 3.75×10^3 J，求氦气的温度．

解：由 $E = \frac{3}{2}RT$，得

$$T = \frac{2E}{3R} = \frac{2 \times 3.75 \times 10^3}{3 \times 8.31} = 300.8(K).$$

5-10 20 个质点的速率如下：2 个具有速率 v_0，3 个具有速率 $2v_0$，5 个具有速率 $3v_0$，4 个具有速率 $4v_0$，3 个具有速率 $5v_0$，2 个具有速率 $6v_0$，1 个具有速率 $7v_0$．试计算：(1) 平均速率；(2) 方均根速率；(3) 最概然速率．

解：依题意，$N = 20$

(1) $\bar{v} = \frac{1}{N}\sum_{i=1}^{N}v_i = \frac{1}{20}(2 \times v_0 + 3 \times 2v_0 + 5 \times 3v_0 + 4 \times 4v_0 +$

$3 \times 5v_0 + 2 \times 6v_0 + 1 \times 7v_0) = 3.65v_0.$

(2) $\overline{v^2} = \frac{1}{N}\sum_{i=1}^{N}v_i^2$

$= \frac{1}{20}(2 \times v_0^2 + 3 \times 4v_0^2 + 5 \times 9v_0^2 + 4 \times 16v_0^2 + 3 \times 25v_0^2 +$

$2 \times 36v_0^2 + 1 \times 49v_0^2) = 15.95v_0^2,$

$\sqrt{\overline{v^2}} \approx 3.99v_0.$

(3) 因具有速率 $3v_0$ 的分子数最多，所以 $v_p = 3v_0$．

5-11 已知氧气处于平衡状态，温度为 300 K，试求分子的三种速率．

解：$v_p = \sqrt{\frac{2RT}{M}} = \sqrt{\frac{2 \times 8.31 \times 300}{32 \times 10^{-3}}} = 3.95 \times 10^2(m/s).$

$\bar{v} = \sqrt{\frac{8RT}{\pi M}} \approx 1.60\sqrt{\frac{RT}{M}} = 1.60 \times \sqrt{\frac{8.31 \times 300}{32 \times 10^{-3}}}$

$= 4.47 \times 10^2(m/s).$

$\sqrt{\overline{v^2}} = \sqrt{\frac{3RT}{M}} \approx 1.73\sqrt{\frac{RT}{M}} = 1.73 \times \sqrt{\frac{8.31 \times 300}{32 \times 10^{-3}}}$

$= 4.83 \times 10^2(m/s).$

5-12 容器内贮有 1 mol 的某种气体,今从外界输入 2.09×10^2 J 的热量,测得其温度升高 10 K,求该气体分子的自由度.

解: 根据 1 mol 理想气体的内能公式,$E = \dfrac{i}{2}RT$,得

$$\Delta E = \dfrac{i}{2}R\Delta T,$$

依据题意,

$$\Delta E = Q,$$

所以

$$\dfrac{i}{2}R\Delta T = Q,$$

$$i = \dfrac{2Q}{R\Delta T} = \dfrac{2 \times 2.09 \times 10^2}{8.31 \times 10} \approx 5,$$
$$i = t + r + 2s, \quad t = 3,$$
$$r + 2s = 2,$$
$$r = 2, \quad s = 0,$$

因此,分子自由度为

$$t + r + 2s = 3 + 2 + 0 = 5.$$

5-13 求氢气在 300 K 时分子的最概然速率;在 $(v_p - 1)$ m/s 与 $(v_p + 1)$ m/s 之间的分子数所占百分比.

解: 依题意,

$$v_p = \sqrt{\dfrac{2RT}{M}} \approx 1.41\sqrt{\dfrac{RT}{M}} = 1.41 \times \sqrt{\dfrac{8.31 \times 300}{2 \times 10^{-3}}}$$

$$\approx 1\,574.2 \,(\text{m/s}).$$

由公式

$$\dfrac{\Delta N}{N} = f(v_p)\Delta v = 4\pi\left(\dfrac{m}{2\pi kT}\right)^{3/2}\mathrm{e}^{-\dfrac{mv_p^2}{2kT}}v_p^2\Delta v,$$

并将 $v_p = 1\,574.2$ m/s,$\Delta v = 2$ m/s,$R = 8.31$ J/(mol·K),$M = 2.0 \times 10^{-3}$ kg/mol 代入上式,求得

$$\dfrac{\Delta N}{N} \approx 0.105\%.$$

5-14 求上升到什么高度时,大气压强减到地面的75%.设空气的温度为0 ℃,空气的摩尔质量为0.028 9 kg/mol.

解:由公式 $p = p_0 \mathrm{e}^{-\frac{Mgh}{RT}}$ 得,

$$\frac{p}{p_0} = \mathrm{e}^{-\frac{Mgh}{RT}},$$

上式两边取对数得

$$\ln \frac{p_0}{p} = \frac{Mgh}{RT},$$

所以

$$h = \frac{RT}{Mg} \ln \frac{p_0}{p} = \frac{8.31 \times 273}{28.9 \times 10^{-3} \times 10} \times \ln \frac{4}{3} \approx 2\ 258.3 (\mathrm{m}).$$

5-15 已知氮气的范德瓦耳斯常数 $a = 0.138\ \mathrm{Pa \cdot m^6 \cdot mol^{-2}}$, $b = 40 \times 10^{-6}\ \mathrm{m^3 \cdot mol^{-1}}$.现将280 g的氮气不断压缩,求最后体积接近多大?这时的内压强是多少?

解:范德瓦耳斯方程为

$$\left[p + \left(\frac{m}{M} \right)^2 \frac{a}{V^2} \right] \left(V - \frac{m}{M} b \right) = \frac{m}{M} RT,$$

依题意,气体的摩尔数 $\frac{m}{M} = \frac{280}{28} = 10 (\mathrm{mol})$.

氮气不断压缩,以至于 $p \to \infty$,要使上式的范德瓦耳斯方程成立,必有

$$V - \frac{m}{M} b = 0,$$

所以

$$V = \frac{m}{M} b = 10b = 10 \times 40 \times 10^{-6} = 4 \times 10^{-4} (\mathrm{m})^3.$$

内压强

$$p_i = \left(\frac{m}{M} \right)^2 \frac{a}{V^2} = 10^2 \times \frac{0.138}{(4 \times 10^{-4})^2} = 8.62 \times 10^7 (\mathrm{Pa}).$$

6 热力学基本定律

本章提要

1. 基本概念

(1) 系统　环境　平衡态

(2) 平衡过程　非平衡过程　可逆过程　不可逆过程　绝热过程　循环过程

(3) 功　热量　内能　熵　焓　自由能　热力势

(4) 热机效率

2. 基本定律及公式

(1) 热力学第一定律

① 定律的表述：它是指系统从环境吸收的热量，一部分使系统内能增加，另一部分用于系统对环境做功.

② 定律的数学表达式

普遍表达式　　$Q = \Delta E + A$

微分式(体积功)　　$dQ = dE + pdV$

积分式(体积功)　　$Q = (E_2 - E_1) + \int_{V_1}^{V_2} pdV$

注意：ΔE、Q、A 正负分别有明确的物理意义.

③ 适用范围：适用于气体、液体和固体，是自然界中的一条普遍规律.

④ 对理想气体的应用，见下表.

热力学第一定律对理想气体等值过程的应用

过程名称	过程特征	ΔE	A	Q	ΔS	摩尔热容
等温过程	$T=$恒量	0	$\dfrac{m}{M}RT\ln\dfrac{V_2}{V_1}$	A	$\dfrac{m}{M}R\ln\dfrac{V_2}{V_1}$	$C_T \to \infty$
等容过程	$V=$恒量	$\dfrac{m}{M}C_V(T_2-T_1)$	0	ΔE	$\dfrac{m}{M}C_V\ln\dfrac{T_2}{T_1}$	$C_V=\dfrac{i}{2}R$

(续表)

过程名称	过程特征	ΔE	A	Q	ΔS	摩尔热容
等压过程	$p=$恒量	$\dfrac{m}{M}C_V(T_2-T_1)$	$p(V_2-V_1)$	$\dfrac{m}{M}C_p(T_2-T_1)$	$\dfrac{m}{M}C_p\ln\dfrac{T_2}{T_1}$	$C_p=C_V+R$
绝热过程	$Q=0$	$\dfrac{m}{M}C_V(T_2-T_1)$	$\dfrac{1}{\gamma-1}(p_1V_1-p_2V_2)$	0	0	$C_Q=0$

(2) 热力学第二定律

① 定律表述

开尔文表述:不可能实现这样一种循环过程,其最后结果仅仅是从单一热源取得热量,并将它完全转变为功而不产生任何其他影响.

克劳修斯表述:热量不可能自动地从一个低温物体转移到另一高温物体而不产生其他的影响.

② 数学表达式——熵增加原理:

对于绝热可逆过程　$\mathrm{d}S=0$,

对于绝热不可逆过程　$\mathrm{d}S>0$,

其中,$\mathrm{d}S=\dfrac{\mathrm{d}Q}{T}$.

③ 热力学第二定律的统计意义:孤立系统内部发生的过程,总是从概率小的状态向概率大的状态进行.

④ 适用范围:自然界中一切与热现象有关的实际过程都服从热力学第二定律.

习题精解

6-1 $Q=\Delta E+A$ 式中 Q、ΔE 和 A 的正负的物理意义是什么?热力学第一定律是否可用 $\Delta E=Q+A$ 式来表述?若可以的话,ΔE、Q 和 A 的正负的物理意义又是什么?

答:热力学第一定律的表达式为 $Q=\Delta E+A$. 其中,$Q>0$ 表示系统吸热,$Q<0$ 表示系统放热;$A>0$ 表示系统对外界做功,$A<0$ 表示外界对系统做功. $\Delta E>0$ 表示系统内能增加,$\Delta E<0$ 表示系统内能减少.

而表达式 $\Delta E=Q+A$ 中,$\Delta E>0$ 表示系统内能增加,$\Delta E<0$ 表示系统内能减少;$Q>0$ 表示系统吸热,$Q<0$ 表示系统放热;$A>0$,表示外界对系统做功,$A<0$,表示系统对外界做功.

6-2 一定量的理想气体,下列过程是否可能实现:(1)恒温下绝热膨胀;(2)恒压下绝热膨胀;(3)体积不变,温度上升的绝热过程;(4)吸热而温度不变;(5)对外做功时放热;(6)吸热同时气体的体积减小.

答:(1)不能.(2)不能.(3)不能.(4)可以.(5)可以.(6)可以.

6-3 分别应用热力学第一定律和热力学第二定律证明:理想气体的等温线和绝热线不能如题 6-3 图所示相交于两点.图中 A 表示等温线,B 表示绝热线.

证明:用反证法.

方法一. 假设等温线与绝热线有两个交点 1 和 2. 1、2 两点在等温线上,所以 $\Delta E = E_2 - E_1 = 0$. 1、2 两点又在绝热线上,所以 $\Delta Q = 0$. 由热力学第一定律得,$\Delta E = -A \neq 0$,这与 1、2 两点同在等温线上 $\Delta E = 0$ 矛盾.所以等温线和绝热线不能有两个交点.

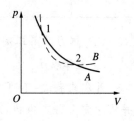

题 6-3 图

方法二. 假设等温线与绝热线有两个交点 1 和 2.若有两个交点,则可形成图所示的循环,该循环过程曲线所围的面积就是对外做的功 $A \neq 0$,从而实现了从单一热源吸收热量使之完全转化为功,而不产生其他影响,这与热力学第二定律矛盾,所以等温线与绝热线不可能有两个交点.

6-4 理想气体经历题 6-4 图中所示的各过程,CD 线是温度为 T_1 的等温线,AB 线是温度为 T_2 的等温线.Ⅰ→Ⅱ 是绝热过程.试讨论在下述过程中气体摩尔热容的正负:(1)过程Ⅰ→Ⅱ;(2)过程Ⅰ′→Ⅱ;(3)过程Ⅰ″→Ⅱ.

答: Ⅰ→Ⅱ,绝热过程,$\Delta Q = 0$,$C_{12} = \dfrac{\Delta Q}{\Delta T} = 0$,

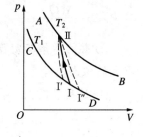

题 6-4 图

($\Delta E = -A_{\mathrm{I}\mathrm{II}}$,压缩过程)

Ⅰ′→Ⅱ,$Q = \Delta E + A_{\mathrm{I}'\mathrm{II}} = -A_{\mathrm{I}\mathrm{II}} + A_{\mathrm{I}'\mathrm{II}} = |A_{\mathrm{I}\mathrm{II}}| - |A_{\mathrm{I}'\mathrm{II}}| > 0$,吸热,

所以,$C_{\mathrm{I}'\mathrm{II}} = \dfrac{\Delta Q}{T} > 0$.

Ⅰ″→Ⅱ,$Q = \Delta E + A_{\mathrm{I}''\mathrm{II}} = -A_{\mathrm{I}\mathrm{II}} + A_{\mathrm{I}''\mathrm{II}} = |A_{\mathrm{I}\mathrm{II}}| - |A_{\mathrm{I}''\mathrm{II}}| < 0$,放热,

所以,$C_{\mathrm{I}''\mathrm{II}} = \dfrac{\Delta Q}{T} < 0$.

6-5 摩尔数相同的两种理想气体,一种是单原子气体,另一种是双原子气体,都从相同的状态开始,以等温膨胀到原来的数倍,问:(1)系统对外做功是否相等?(2)由外界环境吸收的热量是否相等?

答:(1)根据等温过程中,理想气体对外做功的公式,

$$A = \frac{m}{M}RT\ln\frac{V_2}{V_1},$$

可以判断出两种气体对外做功相同.

(2) 根据热力学第一定律,

$$Q = \Delta E + A,$$

其中, $\Delta E = 0$, $Q = A = \frac{m}{M}RT\ln\frac{V_2}{V_1}$,

所以两气体从外界吸收的热量也相同.

6-6 一系统由题 6-6 图所示的状态 a 沿 acb 到达状态 b,从环境获取热量 335 J,系统做功 126 J.(1) 系统若沿 adb 时做功 42 J,则有多少热量转入系统?(2) 当系统由状态 b 沿曲线 ba 返回状态 a 时,环境对系统做功为 84 J,则系统在该过程中是吸热还是放热?热量传递为多少?(3) 若 $E_d - E_a = 176.44$ J,则系统沿 ad 及 db 各吸收多少热量?

解:各热力学过程如题 6-6 图所示,该题可以根据热力学第一定律表达式 $Q = A + \Delta E$ 来求解.

(1) $E_b - E_a = Q_{acb} - A_{acb} = 335 - 126 = 209(\text{J})$,
$Q_{adb} = \Delta E_{ba} + A_{adb} = 209 + 42 = 251(\text{J})$.

(2) $Q_{ba} = (E_a - E_b) + A_{ba} = -209 - 84 = -293(\text{J})$,系统放热 293 J.

(3) $Q_{ad} = \Delta E_{ad} + A_{ad} = 176.44 + 42$
$= 218.44(\text{J})$,

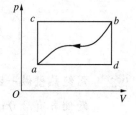

题 6-6 图

$Q_{db} = \Delta E_{db} + A_{db} = (E_b - E_a) - (E_d - E_a)$
$= 209 - 176.44 = 32.56(\text{J})$.

6-7 8.0×10^{-3} kg 的氧气,原来的温度为 27 ℃,体积为 0.41×10^{-3} m³.若(1) 经绝热膨胀体积增大到 4.1×10^{-3} m³;(2) 先经等温过程再经等体过程到达与(1) 相同的状态.试分别计算上述两种过程中系统做的功.(氧气视为理想气体)

解:(1) 绝热膨胀,系统的过程方程为,

$$T_1 V_1^{\gamma-1} = T_2 V_2^{\gamma-1},$$

其中, $\gamma = \frac{i+2}{i} = \frac{7}{5}$.

$$T_2 = \left(\frac{V_1}{V_2}\right)^{\gamma-1} T_1 = \left(\frac{0.41 \times 10^{-3}}{4.1 \times 10^{-3}}\right)^{\frac{2}{5}} \times 300 = 119(\text{K}),$$

$$A = \frac{1}{\gamma-1}(p_1V_1 - p_2V_2) = \frac{1}{\gamma-1}\frac{m}{M}R(T_2 - T_1)$$
$$= \frac{1}{1.4-1} \times \frac{8.0 \times 10^{-3}}{32 \times 10^{-3}} \times 8.31 \times (300-119) \approx 9.40 \times 10^2 (\text{J}).$$

(2) 依题意分析可知两过程做的总功实际仅为等温过程所做的功,所以

$$A = \frac{m}{M}RT\ln\frac{V_2}{V_1} = \frac{8.0 \times 10^{-3}}{32 \times 10^{-3}} \times 8.31 \times 300 \times \ln\frac{4.1 \times 10^{-3}}{0.41 \times 10^{-3}}$$
$$\approx 1.4 \times 10^3 (\text{J}).$$

6-8 当气体从体积 V_1 膨胀到 V_2,该气体的压强与体积之间的关系为

$$\left(p + \frac{a}{V^2}\right)(V-b) = K,$$

式中 a、b 和 K 均为常数,计算气体所做的功.

解:根据体积功的公式来求解该问题,即

$$A = \int_{V_1}^{V_2} p\,dV = \int_{V_1}^{V_2}\left(\frac{K}{V-b} - \frac{a}{V^2}\right)dV = K\ln\frac{V_2-b}{V_1-b} + a\left(\frac{1}{V_2} - \frac{1}{V_1}\right).$$

6-9 用绝热壁做一圆柱形容器,在容器中间放置一无摩擦、绝热的可动活塞.活塞的两侧各有 2.0 mol 的理想气体.左、右两侧的始态均为 p_0、V_0、T_0,设气体定容摩尔热容为 C_V,$\gamma = 1.5$.将一通电线圈放在左侧,对气体缓缓地加热,左侧气体膨胀,同时通过活塞压缩右侧气体,最后使右侧气体压强为 $\frac{27}{8}p_0$.问:(1) 活塞左侧气体对右侧气体做了多少功?(2) 右侧气体的最终温度?(3) 左侧气体的最终温度?(4) 左侧气体吸收多少热量?

解:(1) 右侧气体由状态 (p_0, V_0, T_0) 经过绝热压缩到状态 $\left(\frac{27}{8}p_0, V, T\right)$,满足过程方程,其中,$p = \frac{27}{8}p_0$,所以

$$\frac{V^\gamma}{V_0^\gamma} = \frac{p_0}{\frac{27}{8}p_0},$$

即

$$\frac{V^{1.5}}{V_0^{1.5}} = \frac{8}{27}, \quad \frac{V}{V_0} = \frac{4}{9},$$

根据理想气体绝热过程对外做功的公式可得右侧气体对左侧气体做功为

$$A' = \frac{1}{\gamma-1}(p_0V_0 - pV) = -p_0V_0, \quad (\gamma = 1.5)$$

由此可求出左侧气体对右侧气体做出的功,

$$A = -A' = p_0V_0.$$

(2) 右侧气体终态为 $\left(\frac{27}{8}p_0, \frac{4}{9}V_0, T\right)$, 由理想气体的状态方程 $pV = \frac{m}{M}RT$ 得

$$T = \frac{pV}{\frac{m}{M}R} = \frac{\frac{27}{8}p_0 \times \frac{4}{9}V_0}{\frac{m}{M}R} = \frac{27}{8} \times \frac{4}{9} \times \frac{p_0V_0}{\frac{m}{M}R}$$

$$= \frac{27}{8} \times \frac{4}{9} \times T_0 = \frac{3}{2}T_0.$$

(3) 左侧气体最终体积为

$$V' = 2V_0 - \frac{4}{9}V_0 = \frac{14}{9}V_0,$$

$$T' = \frac{p'V'}{\frac{m}{M}R} = \frac{\frac{27}{8}p_0 \times \frac{14}{9}V_0}{\frac{m}{M}R} = \frac{27}{8} \times \frac{14}{9} \times T_0 = \frac{21}{4}T_0$$

(4) 左侧气体吸热

$$Q = \Delta E + A = \frac{m}{M}C_V(T' - T_0) + p_0V_0$$

$$= \frac{17}{4} \times \frac{m}{M}C_VT_0 + p_0V_0$$

$$= \frac{17}{4} \times \frac{m}{M}C_VT_0 + \frac{m}{M}RT_0,$$

由

$$\gamma = \frac{i+2}{i} = 1.5,$$

得

$$i = 4,$$

从而
$$C_V = \frac{i}{2}R = 2R,$$

最后得
$$Q = \frac{17}{4} \times \frac{m}{M} C_V T_0 + \frac{m}{M} R T_0 = 19RT_0. \quad \left(\frac{m}{M} = 2.0 \text{ mol}\right)$$

6-10 质量 $m_1 = 2.0$ g 的二氧化碳气体和 $m_2 = 3.0$ g 的氮气的混合物,均视为理想气体. 求混合气体的定容摩尔热容和定压摩尔热容.

解：混合气体的摩尔数

$$n = \frac{m_{N_2}}{M_{N_2}} + \frac{m_{CO_2}}{M_{CO_2}} = \frac{3}{28} + \frac{2}{44} = 0.152 \text{(mol)}.$$

设混合气体定容摩尔热容为 C_V，定压摩尔热容为 C_p，

$$nC_V = \frac{m_{N_2}}{M_{N_2}} C_{N_2} + \frac{m_{CO_2}}{M_{CO_2}} C_{CO_2},$$

得

$$C_V = \frac{1}{n}\left(\frac{m_{N_2}}{M_{N_2}} C_{VN_2} + \frac{m_{CO_2}}{M_{CO_2}} C_{VCO_2}\right) = 2.65R,$$

其中

$$C_{VN_2} = \frac{5}{2}R, \quad C_{VCO_2} = \frac{6}{2}R.$$

根据迈耶公式 $C_p = C_V + R$ 得，

$$nC_p = \frac{m_{N_2}}{M_{N_2}} C_{pN_2} + \frac{m_{CO_2}}{M_{CO_2}} C_{pCO_2},$$

因此，
$$C_p = 3.65R.$$

6-11 一卡诺热机高温热源的温度是 400 K，每一循环从此热源中吸热 420 J，并向低温热源放热 320 J 时. 求：(1) 低温热源的温度；(2) 该热机的效率.

解：卡诺循环的效率为

$$\eta = 1 - \frac{T_2}{T_1} = \frac{Q_1 - |Q_2|}{Q_1},$$

代入相应数值得，

$$T_2 = \frac{|Q_2|}{Q_1}T_1 = \frac{320}{420} \times 400 = 305(\text{K}),$$

$$\eta = \frac{Q_1 - |Q_2|}{Q_1} = \frac{420 - 320}{420} = 23.8\%.$$

6-12 一卡诺热机低温热源的 $7.0\ ℃$, 效率为 40%. 今将该热机的效率提高到 50%, 问：(1)若低温热源的温度不变，则高温热源的温度要提高多少？(2)若高温热源的温度不变，则低温热源的温度要降低多少？

解：(1) 依题意，$T_2 = 273 + 7 = 280(\text{K})$,

卡诺循环的效率为

$$\eta = 1 - \frac{T_2}{T_1},$$

则

$$T_1 = \frac{T_2}{1-\eta} = \frac{280}{1-0.4} = 467(\text{K}).$$

效率增加后，高温热源温度

$$T_1' = \frac{T_2}{1-\eta} = \frac{280}{1-0.5} = 560(\text{K}),$$

温度升高幅度为

$$\Delta T = T_1' - T_1 = 560 - 467 = 93(\text{K}).$$

(2) 同理，根据公式

$$\eta = 1 - \frac{T_2}{T_1},$$

得效率增加后低温热源温度，

$$T_2' = (1-\eta)T_1 = (1-0.5) \times 467 = 233.5(\text{K}),$$

温度降低幅度为

$$\Delta T = T_2 - T_2' = 280 - 233.5 = 46.5(\text{K}).$$

6-13 题 6-13 图为 $1.0\ \text{mol}$ 的理想气体所经历的循环过程，其中 ab 为等温线，bc 为等压线，ca 为等容线. $V_a = V_c = 3\ \text{dm}^3$, $V_b = 6\ \text{dm}^3$, 取 $C_V = 3R/2$. 求该循环过程的效率.

解：如题 6-13 图所示并依题意可知，

$a \rightarrow b$ 等温过程，吸热 $Q_1 = \frac{m}{M}RT\ln\frac{V_b}{V_a}$；

$b \to c$ 为等压过程，放热 $Q_2 = \dfrac{m}{M} C_p(T_b - T_c)$；

$c \to a$ 为等容过程，吸热 $Q_3 = \dfrac{m}{M} C_V(T_a - T_c)$.

根据循环过程效率公式

$$\eta = 1 - \dfrac{|Q_{放}^{总}|}{Q_{吸}^{总}},$$

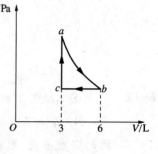

题 6-13 图

得到该循环的效率为

$$\eta = 1 - \dfrac{Q_2}{Q_1 + Q_3} = 1 - \dfrac{C_p(T_b - T_c)}{RT\ln\dfrac{V_b}{V_a} + C_V(T_a - T_c)}$$

$$= 1 - \dfrac{\dfrac{5}{2}R(T_b - T_c)}{RT\ln 2 + \dfrac{3}{2}R(T_a - T_c)} = 1 - \dfrac{\dfrac{5}{2}p_b(V_b - V_c)}{p_a V_a \ln 2 + \dfrac{3}{2}V_a(p_a - p_c)}.$$

因为 $a \to b$ 为等温过程，所以 $p_a V_a = p_b V_b$，得 $p_a = 2p_b$；同时，$b \to c$ 为等压过程，所以 $p_b = p_c$，

考虑到 $p_b = p_c$，$V_b = 2V_c = 2V_a$，由上式得

$$\eta = 1 - \dfrac{\dfrac{5}{2}}{2 \times \ln 2 + \dfrac{3}{2}} \approx 13.4\%.$$

6-14 100 g 的水由温度 $T_1 = 15\ ℃$ 冷却到 $T_2 = 0\ ℃$，熵变为多少？

解：根据熵的定义式，

$$dS = \dfrac{\text{d}Q}{T},$$

得

$$\Delta S = \int_{T_1}^{T_2} \dfrac{\text{d}Q}{T} = \int_{T_1}^{T_2} \dfrac{mc\,dT}{T} = mc\ln\dfrac{T_2}{T_1}$$

$$= 100 \times 10^{-3} \times 4.18 \times 10^3 \times \ln\dfrac{273}{288}$$

$$= -22.4 (\text{J/K}).$$

6-15 280 g 的氮气做等温膨胀,体积增大 5 倍,熵变为多少?(视氮气为理想气体).

解: 根据熵的定义式

$$\mathrm{d}S = \frac{\mathrm{d}Q}{T},$$

得

$$\Delta S = \int_1^2 \frac{\mathrm{d}Q}{T} = \int_1^2 \frac{\mathrm{d}A}{T} = \int_1^2 \frac{p\,\mathrm{d}V}{T} = \frac{m}{M} R \ln \frac{V_2}{V_1}$$

$$= \frac{280}{28} \times 8.31 \times \ln 5$$

$$= 133.7 (\text{J/K}).$$

6-16 设 1.0 kg 的水在标准状况下熵为零,假设气压不变. 问:(1) 100 ℃ 质量为 1.0 kg 的水,熵为多少? (2) 100 ℃ 质量为 1.0 kg 的水蒸气,熵为多少? (3) 0 ℃ 质量为 1.0 kg 的冰,熵为多少? (4) 0 ℃ 质量为 1.0 kg 的冰变为 100 ℃ 的水蒸气,熵的改变为多少?(设水的定压比热容 $C_p = 4.18 \times 10^3$ J/(kg·K),熔解热 $\lambda = 334 \times 10^3$ J/kg;汽化热 $q = 2.25 \times 10^6$ J/kg)

解:(1) 考虑等压过程,且可逆,从而求出可逆过程熵变

$$\Delta S_1 = S_{100} - S_0 = \int_{T_1}^{T_2} \frac{\mathrm{d}Q}{T} = mC_p \int_{T_1}^{T_2} \frac{\mathrm{d}T}{T} = mC_p \ln \frac{T_2}{T_1}$$

$$= 1.0 \times 4.18 \times 10^3 \times \ln \frac{373}{273} = 1.3 \times 10^3 (\text{J/K}).$$

(2) 100 ℃ 水变为 100 ℃ 水蒸气,熵变为

$$\Delta S_2 = \int_1^2 \frac{\mathrm{d}Q}{T} = \frac{1}{T} \int_1^2 \mathrm{d}Q = \frac{mq}{T} = \frac{1.0 \times 2.25 \times 10^6}{373}$$

$$= 6.03 \times 10^3 (\text{J/K}),$$

则 0 ℃ 水变为 100 ℃ 水蒸气,熵变为

$$\Delta S_3 = \Delta S_1 + \Delta S_2 = 1.3 \times 10^3 + 6.03 \times 10^3 = 7.33 \times 10^3 (\text{J/K}).$$

(3) 0 ℃ 水变为 0 ℃ 冰,熵变为

$$\Delta S_4 = \int_1^2 \frac{\mathrm{d}Q}{T} = \frac{1}{T} \int_1^2 \mathrm{d}Q = -\frac{m\lambda}{T} = -\frac{1.0 \times 334 \times 10^3}{273}$$

$$= -1.22 \times 10^3 (\text{J/K}).$$

(4) 0 ℃冰变为 100 ℃水蒸气,熵变为

$\Delta S_5 = -\Delta S_4 + \Delta S_3 = 1.22 \times 10^3 + 7.33 \times 10^3 = 8.55 \times 10^3 (J/K)$.

7 静 电 场

本 章 提 要

1. 基本概念

(1) 电场强度：$E = \dfrac{F}{q_0}$.

场强叠加原理：$E = \sum\limits_{i=1}^{n} E_i$.

单个点电荷的场强：$E = \dfrac{1}{4\pi\varepsilon_0} \cdot \dfrac{q}{r^2} \hat{r}$.

点电荷系的场强：$E = \dfrac{1}{4\pi\varepsilon_0} \sum\limits_{i=1}^{n} \dfrac{q_i}{r_i^2} \hat{r}_i$.

连续电荷分布的带电体的场强：$E = \dfrac{1}{4\pi\varepsilon_0} \int \dfrac{\mathrm{d}q}{r^2} \hat{r}$.

(2) 电位(势)：$U_P = \int_P^C E \cdot \mathrm{d}l$，$C$ 为选定为零电位的参考点.

电位叠加原理：$U = \sum\limits_{i=1}^{n} U_i$.

单个点电荷的电位：$U = \dfrac{1}{4\pi\varepsilon_0} \cdot \dfrac{q}{r}$.

点电荷系的电位：$U = \dfrac{1}{4\pi\varepsilon_0} \sum\limits_{i=1}^{n} \dfrac{q_i}{r_i}$.

连续电荷分布的带电体的电势：$U = \dfrac{1}{4\pi\varepsilon_0} \int \dfrac{\mathrm{d}q}{r}$.

电场的能量密度：$w = \dfrac{1}{2}\varepsilon E^2$.

电场的能量：$W = \iiint w \mathrm{d}V$.

(3) 静电场中的电介质

电极化强度：$P = \dfrac{\sum p_i}{\Delta V}$.

电介质中的场强：$E=\dfrac{E_0}{\varepsilon_r}$.

绝对介电常数：$\varepsilon=\varepsilon_0\varepsilon_r$.

2. **基本定理及公式**

(1) 高斯定理：$\oint_S \boldsymbol{E}\cdot\mathrm{d}\boldsymbol{S}=\dfrac{\sum q_i}{\varepsilon_0}$，说明静电场是有源场．

(2) 环路定理：$\oint_L \boldsymbol{E}\cdot\mathrm{d}\boldsymbol{l}=0$，说明静电场是保守场．

习 题 精 解

7-1 有一球形的橡皮气球，电荷均匀分布在表面上．此气球在吹大过程中，下列各点的场强怎样变化？

(1) 始终在气球内部的点；

(2) 始终在气球外部的点．

答：(1) 电荷均匀分布，内部场强处处为零．

(2) 外部场强等于电荷集中在球心形成的场强，故也不会变化．

7-2 如果在封闭面上的场强 E 处处为零，能否肯定此封闭面内一定没有净电荷？

答：可以肯定闭合面内总电荷为零，即净电荷为零．

7-3 在电场中做一球形的封闭面，如图所示，问：(1) 当电荷 q 分别处在球心 O 点，球内 B 点时，问通过此球面的电通量是否相同？(2) 当该电荷分别处在球面外的 P 点和 Q 点时，问通过球面的电通量是否相同？

答：(1) 相同，大小为 $\dfrac{q}{\varepsilon_0}$．(2) 相同，大小为零．

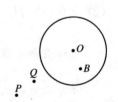

题 7-3 图

7-4 应用高斯定理求场强时，高斯面应该怎样选取才适合？

答：充分利用电场的对称性，高斯面的选取要使得电场强度要么垂直于高斯面，要么平行于高斯面，这样便于计算．

7-5 半径为 R 的无限长直薄壁金属管，表面上每单位长度带有电荷 λ．求离轴为 r 处的场强，并画出 E-r 曲线．

解：选取如题 7-5 图所示圆柱体侧面的高斯面，其底面半径为 r，高为 l．利用高斯定理

$$\oint E \cdot dS = \frac{\sum q}{\varepsilon_0},$$

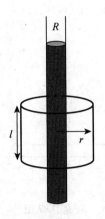
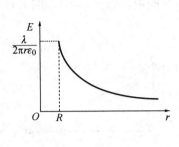

题 7-5 图

可得,
当 $r < R$ 时,$E = 0$.
当 $r > R$ 时,

$$E \cdot 2\pi r l = \frac{\lambda l}{\varepsilon_0},$$

得
$$E = \frac{\lambda}{2\pi r \varepsilon_0},$$

场强的方向依所带电荷的电性而定,$\lambda > 0$,垂直金属管指向外;$\lambda < 0$,垂直金属管指向里.

7-6 如题 7-6 图所示,在直角三角形 $\triangle ABC$ 的 A 点上有电荷 $q_1 = 1.8 \times 10^{-9}$ C,B 点上有电荷 $q_2 = -4.8 \times 10^{-9}$ C,试求 C 点场强的大小和方向($BC = 0.040$ m,$AC = 0.030$ m).

解: A 点电荷在 C 点产生的电场强度为

$$E_1 = \frac{q}{4\pi\varepsilon_0 r_{AC}^2} = \frac{1.8 \times 10^{-9}}{4\pi \times 8.85 \times 10^{-12}} \times \frac{1}{0.03^2} = 1.798 \times 10^4 \text{ (N/C)},$$

方向竖直向下.

B 电荷在 C 点产生的电场强度为

$$E_2 = \frac{q}{4\pi\varepsilon_0 r_{BC}^2} = \frac{-4.8 \times 10^{-9}}{4\pi \times 8.85 \times 10^{-12}} \times \frac{1}{0.04^2} = -2.698 \times 10^4 \text{ (N/C)}.$$

大小为 2.698×10^4 N/C,方向水平向右.

合场强为

$$E=\sqrt{E_1^2+E_2^2}=3.242\times 10^4 (\text{N/C}),$$

方向由场强 E_1 与 E_2 按矢量叠加而获得.

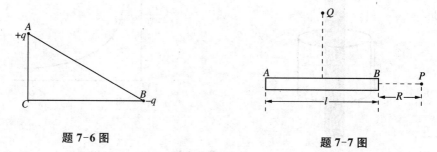

题 7-6 图 　　　　　　题 7-7 图

7-7 如题 7-7 图所示,长 $l=15$ cm 的直导线 AB 上,均匀地分布有正电荷,电荷的线密度为 $\lambda=5.0\times 10^{-7}$ C·m^{-1}. 求:(1) 在导线的延长线上与导线一端 B 相距 $R=5.0$ cm 处 P 点的场强;(2) 在导线的垂直平行线上与导线中点相距 $R=5.0$ cm 处 Q 点的场强.

解: 不考虑直导线的半径,视为细直导线处理. 将导线分成若干长度为 $\mathrm{d}x$ 的线元,线元所带电荷的电量称为电荷元,$\mathrm{d}q=\lambda \mathrm{d}x$. 根据场强的叠加原理可以求出 P、Q 两点的场强.

(1) P 点场强为

$$E_P=\int_0^l \frac{1}{4\pi\varepsilon_0}\frac{\lambda \mathrm{d}x}{(R+x)^2}=\frac{\lambda}{4\pi\varepsilon_0}\frac{l}{l+R},$$

代入数值得,

$$E_P=\frac{5.0\times 10^{-7}}{4\times 3.14\times 8.85\times 10^{-12}}\times \frac{0.15}{0.15+0.05}\approx 3.374\times 10^3 (\text{N/C}),$$

其方向为水平向右.

(2) 由对称性可知,Q 点总的电场强度沿竖直方向. 将电荷元 $\mathrm{d}x$ 在 Q 点产生的电场分解为竖直方向和水平方向两个分量. 根据对称性可知,所有水平方向的分量代数和为零,所有竖直分量的和就是 Q 点总的场强,即

$$E_Q=2\int_0^{\frac{l}{2}}\frac{1}{4\pi\varepsilon_0}\frac{\lambda \mathrm{d}x}{R^2+x^2}\frac{R}{\sqrt{R^2+x^2}},$$

令 $\dfrac{x}{R}=\tan\theta$,得

$$E_Q = 2\int_0^{\arccos\frac{R}{\sqrt{R^2+l^2/4}}} \frac{\lambda}{4\pi\varepsilon_0 R}\cos\theta\,\mathrm{d}\theta = \frac{2\lambda}{4\pi\varepsilon_0 R}\frac{\frac{l}{2}}{\sqrt{R^2+\frac{l^2}{4}}} = \frac{\lambda l}{4\pi\varepsilon_0 R\sqrt{R^2+\frac{l^2}{4}}},$$

代入数值得,

$$E_Q = \frac{5.0\times10^{-7}\times 0.15}{4\times3.14\times8.85\times10^{-12}\times 0.05\sqrt{0.05^2+\frac{0.15^2}{4}}} \approx 1.496\times10^5\,(\mathrm{N/C}),$$

其方向为竖直向上.

7-8 如题 7-8 图所示,一质量为 1.0×10^{-6} kg 的小球,带有电量为 1.0×10^{-11} C,悬于一丝线下端,线与一块很大的带电平板成 $30°$ 角.试求带电平板的电荷面密度.

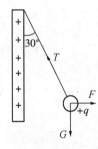

题 7-8 图

解: 利用高斯定理可以推得,无限大带电平板在空间产生的场强为

$$E = \frac{\sigma}{2\varepsilon_0},$$

则小球受到的电场力为,

$$F = qE = \frac{q\sigma}{2\varepsilon_0},$$

根据受力平衡条件可得,

$$F = G\tan 30° = \frac{G}{\sqrt{3}},$$

从而

$$\frac{q\sigma}{2\varepsilon_0} = \frac{G}{\sqrt{3}},$$

所以,

$$\sigma = \frac{G}{\sqrt{3}}\frac{2\varepsilon_0}{q} = \frac{1.0\times10^{-6}\times10\times2\times8.85\times10^{-12}}{\sqrt{3}\times1.0\times10^{-11}} = 1.02\times10^{-5}\,(\mathrm{C/m^2}).$$

7-9 如题 7-9 图所示.已知,$r=8$ cm,$a=12$ cm,$q_1=q_2=\frac{1}{3}\times10^{-8}$ C,电荷 $q_0 = 10^{-9}$ C.求:(1) q_0 从 A 点移到 B 点时电场力所做功;(2) q_0 从 C 点移到 D 点时

电场力所做功.

解：(1) 根据静电场的性质可知,电场力做功与路径无关,其大小为,

$$A_{AB} = q_0(U_A - U_B).$$

因 A，B 两点电势相等,即 $U_A = U_B$,故电荷从 A 移到 B,电场力做功为零.

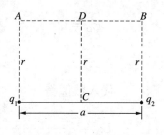

题 7-9 图

(2) 取无穷远处电势为零,根据电势的标量叠加性,C 点的电势为

$$U_C = 2 \times \frac{1}{4\pi\varepsilon_0} \times \frac{2q}{a} = \frac{q}{\pi\varepsilon_0 a}.$$

D 点的电势为

$$U_D = 2 \times \frac{1}{4\pi\varepsilon_0} \times \frac{q}{\sqrt{\left(\frac{a}{2}\right)^2 + r^2}} = \frac{q}{2\pi\varepsilon_0\sqrt{\left(\frac{a}{2}\right)^2 + r^2}}.$$

电荷从 C 点到 D 点,电场力做功为

$$A = q(U_C - U_D) = \frac{qq_0}{\pi\varepsilon_0 a} - \frac{qq_0}{2\pi\varepsilon_0\sqrt{\left(\frac{a}{2}\right)^2 + r^2}}$$

$$= \frac{qq_0}{4\pi\varepsilon_0 a}\left(4 - \frac{2a}{\sqrt{\left(\frac{a}{2}\right)^2 + r^2}}\right),$$

代入数值,可得

$$A = \frac{\frac{1}{3} \times 10^{-8} \times 10^{-9}}{4 \times 3.14 \times 8.85 \times 10^{-12} \times 0.12} \times \left(4 - \frac{2 \times 0.12}{\sqrt{\left(\frac{0.12}{2}\right)^2 + 0.08^2}}\right)$$

$$\approx 3.998 \times 10^{-7} \text{ J}.$$

7-10 均匀带电球面,半径为 R,电荷面密度为 σ,求距离球心 r 处的 P 点的电势,设：(1) P 点在球面内；(2) P 点在球面上；(3) P 点在球面外.

解：依题意,球面总电荷量为 $Q = 4\pi R^2 \sigma$,由高斯定理可得,球内电场强度为零. 球外电场强度为

$$E = \frac{R^2 \sigma}{\varepsilon_0 r^2}.$$

若取无穷远处电势为零,则可以求得各点的电势

(1) 球外一点的电势为

$$U = \int_r^\infty E \cdot dl = \int_r^\infty \frac{R^2 \sigma}{\varepsilon_0 r^2} dr = \frac{R^2 \sigma}{\varepsilon_0 r}.$$

(2) 球面上的电势为 ($r = R$)

$$U = \frac{R\sigma}{\varepsilon_0}.$$

(3) 球内场强为零,球内各点与球面等电势,

$$U = \frac{R\sigma}{\varepsilon_0}.$$

7-11 有直径为 16 cm 及 10 cm 的非常薄的两个铜制球壳,同心放置时内球的电势为 2 700 V,外球带有电量为 8.0×10^{-9} C,现把内球和外球接触,两球的电势各变化多少?

解:由球对称性可知,电荷在两球壳上均匀分布.假设内球带电量为 $q_内$,则外球内表面带电 $-q_内$,外表面带电 $q_外 + q_内$,内球的电势为

$$U = \int_{r_1}^{r_2} E \cdot dl + \int_{r_2}^\infty E \cdot dl = \int_{r_1}^{r_2} \frac{q_内}{4\pi\varepsilon_0 r^2} dr + \int_{r_2}^\infty \frac{q_外 + q_内}{4\pi\varepsilon_0 r^2} dr$$

$$= \frac{q_内}{4\pi\varepsilon_0} \left(\frac{1}{r_1} - \frac{1}{r_2} \right) + \frac{q_外 + q_内}{4\pi\varepsilon_0} \frac{1}{r_2},$$

代入数值,可得

$$U = q_内 \times 3.37 \times 10^{10} + (8 \times 10^{-9} + q_内) \times 5.62 \times 10^{10}$$

由

$$\varphi = 2\,700 (V),$$

可得

$$q_内 = 2.5 \times 10^{-8} (C).$$

内外球接触,有两种方式,取出接触与不取出接触.按照题意,内球不取出,则接触之后,内球外表面的电荷与外球内表面的电荷中和,外球带电量为

$$q = q_内 + q_外 = 2.5 \times 10^{-8} + 0.8 \times 10^{-8} = 3.3 \times 10^{-8} (C),$$

电势为

$$U = \frac{q}{4\pi\varepsilon_0 r_2} = \frac{3.3\times 10^{-8}}{4\times 3.14\times 8.85\times 10^{-12}\times 0.16} = 1.86\times 10^3 (\text{V}),$$

外球电势不变,内球电势变化为

$$\Delta U = U - 2\,700 = 1\,860 - 2\,700 = -840(\text{V}).$$

7-12 三平行金属板 A、B、C 面积均为 $200\ \text{cm}^2$,A、B 两板相距 $4\ \text{mm}$,A、C 间相距 $2\ \text{mm}$,B 和 C 两板都接地. 如果使 A 板带正电荷 $3.0\times 10^{-7}\ \text{C}$,求:(1) B、C 板上的感应电荷;(2) A 板的电势.

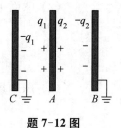

题 7-12 图

解: 依题意,设 A、C 板距离为 l_{AC},A、B 板距离为 l_{AB}.

(1) C,B 金属板电势为零. 假设 A,B,C 金属板位置如题 7-12 图所示,靠近 C 金属板带电面密度 σ_1,靠近 B 金属板带电面密度 σ_2,

则 A,C 间电势差为

$$U_{AC} = \frac{\sigma_1}{\varepsilon_0} l_{AC},$$

A,B 间电势差为

$$U_{AB} = \frac{\sigma_2}{\varepsilon_0} l_{AB},$$

由

$$U_{AC} = U_{AB},$$

可得

$$\frac{\sigma_1}{\sigma_2} = \frac{l_{AB}}{l_{AC}} = 2,$$

则

$$q_1 = \frac{2q}{3} = 2.0\times 10^{-7}\ \text{C},\quad q_2 = \frac{q}{3} = 1.0\times 10^{-7}(\text{C}),$$

即 C 板感应电荷为 $-2.0\times 10^{-7}\ \text{C}$,$B$ 板感应电荷为 $-1.0\times 10^{-7}\ \text{C}$.

(2) A 板的电势为

$$U_{AB} = \frac{\sigma_2}{\varepsilon_0} l_{AB} = \frac{q_2}{S\varepsilon_0} l_{AB}$$
$$= \frac{1.0 \times 10^{-7}}{200 \times 10^{-4} \times 8.85 \times 10^{-12}} \times 4 \times 10^{-3}$$
$$= 2.26 \times 10^3 \text{(V)}.$$

7-13 如题 7-13 图所示,一平行板电容器放在一玻璃杯中,并与电源 $\mathscr{E}$、开关 K 连接,电源电压 $\mathscr{E}=12$ V,电容器的电容 $C=10$ μF.将开关接通,使电容器带电.求在下述情况下,电容器板上的电量以及两板间的电场变化:(1) 断开开关,然后将相对带电常数为 2 的油注满杯中;(2) 先注入油,然后断开开关.

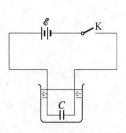

题 7-13 图

解:(1) 电容器上所带电量为

$$Q = CU = 10 \times 10^{-6} \times 12 = 1.2 \times 10^{-4} \text{(C)},$$

所带电量在断开开关前后保持不变.

两平板间的电场强度为

$$E_r = \frac{\sigma}{\varepsilon} = \frac{Q}{S\varepsilon_0\varepsilon_r} = \frac{Q}{2S\varepsilon_0} = \frac{E}{2},$$

其中,ε_r 为油的相对介电常数,E 为未注入油时两板间电场强度.显然,注入油以后的场强 E_r 变为断开开关前的一半.

(2) 先注油,电容器电容为

$$C_r = \varepsilon_r C = 2C,$$

则

$$Q_r = C_r U = 2CU = 2Q = 2.4 \times 10^{-4} \text{(C)},$$

电场强度为

$$E_r = \frac{Q_r}{S\varepsilon_0\varepsilon_r} = \frac{2Q}{2S\varepsilon_0} = E,$$

断开开关后,电荷量不变,电场强度不变.

8 稳恒直流电

本章提要

1. 基本概念

(1) 电源电动势,在电源内部非静电力所做的功:$\mathscr{E} = \int_{-}^{+} \boldsymbol{E}_K \cdot \mathrm{d}\boldsymbol{l}$.

(2) 电流密度为:$\boldsymbol{j} = \dfrac{\mathrm{d}I}{\mathrm{d}S}\hat{\boldsymbol{n}} = nq\boldsymbol{v}$.

(3) 电子逸出功、接触电势差和温差电动势. 电子逸出金属表面克服阻力所需要做的功称为**电子逸出功**. 两种不同金属接触时,在接触面处形成电势差,称为**接触电势差**. 两种不同金属材料构成一个闭合回路,在两个接触点处保持不同的温度 T_1 和 T_2,闭合回路产生的电动势称为温差电动势.

2. 基本定律及公式

(1) 一段含源电路欧姆定律:$U_A - U_B = \sum IR - \sum \mathscr{E}$,在一段含源电路中,始、末两点之间的电势差等于所有电阻上电势降落的代数和 $\sum IR$ 减去所有电动势的代数和 $\sum \mathscr{E}$.

(2) 基尔霍夫定律及应用小结:

基尔霍夫第一定律:$\sum I = 0$,在任意节点处电流的代数和等于零. 符号规定:流入为正,流出为负.

基尔霍夫第二定律:$\sum IR = \sum \mathscr{E}$,在一条回路中,所有电阻上电势降落的代数和等于所有电源电动势的代数和.

应用基尔霍夫第一、第二定律解题的步骤:① 电路中有 n 个节点,选 $(n-1)$ 个节点列出 $(n-1)$ 个节点电流方程;② 电路中有 m 个未知电流,列 $[m-(n-1)]$ 个独立的回路方程;③ 解联立方程组,未知电流数与方程数相等,有唯一解.

8 稳恒直流电

习 题 精 解

8-1 如果通过导体中各处的电流密度并不相同,那么电流能否是稳恒电流? 为什么?

答:可以. 只要它不随时间变化就是稳恒电流.

8-2 在金属导体中取两个截面 A 和 B.

(1) A 的面积和 B 的面积相同,在 1 s 内通过 A 和 B 的自由电子数相同. 但对 A 是垂直通过,对 B 是斜通过. 问电流是否相同?

(2) A 的面积大于 B 的面积,在 1 s 内垂直地通过 A 和 B 的自由电子数相同,问通过这两个截面的电流密度是否相同?

答:(1) 同. (2) 不同.

8-3 如题 8-3 图所示的导体中,沿轴线均匀地流过 10 A 的电流,已知横截面 $S_1 = 1.0\ \text{cm}^2$, $S_2 = 0.5\ \text{cm}^2$, S_3 的法线 $\boldsymbol{n}_3$ 与轴线夹角为 $60°$,试求通过三个面的电流密度.

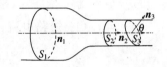

题 8-3 图

解:依题意,当电流均匀通过导体时,电流与电流密度及夹角之间的关系为

$$I = JS\cos\theta.$$

由此得

(1) $J_1 = \dfrac{I_1}{S_1} = \dfrac{10}{1.0 \times 10^{-4}} = 1.0 \times 10^5\ (\text{A/m}^2)$.

(2) $J_2 = \dfrac{I_2}{S_2} = \dfrac{10\ \text{A}}{0.5 \times 10^{-4}} = 2.0 \times 10^5\ (\text{A/m}^2)$.

(3) $J_3 = \dfrac{I_3}{S_3 \cos 60°} = \dfrac{I_3}{S_2} = \dfrac{10\ \text{A}}{0.5 \times 10^{-4}} = 2.0 \times 10^5\ (\text{A/m}^2)$.

8-4 设铜导线中的电流密度为 $2.4\ \text{A/mm}^2$,铜的自由电子数密度 $n = 8.4 \times 10^{23}/\text{m}^3$,求自由电子的漂移速度.

解:根据 $J = nev$,

得 $v = \dfrac{J}{ne} = \dfrac{2.4 \times 10^6}{8.4 \times 10^{23} \times 1.6 \times 10^{-19}} = 18\ (\text{m/s})$.

8-5 在氢原子内电子围绕原子核沿半径为 r 的圆形轨道运动. 试求电子运动所产生的电流.

解:依题意,库仑力 $f = k\dfrac{e^2}{r^2}$,提供了电子绕圆形轨道运动的向心力.

$$k\frac{e^2}{r^2} = m\frac{v^2}{r}, \quad v^2 = \frac{k}{m}\frac{e^2}{r},$$

$$v = e\sqrt{\frac{k}{mr}},$$

而电流密度 $j = nev = ev$,

所以, $$j = ev = e^2\sqrt{\frac{k}{mr}}.$$

8-6 电动势为 12 V 的汽车电源,其电源内阻为 0.05 Ω,求:(1)它的短路电流为多大?(2)若启动电流为 100 A,则启动马达的内阻是多少?

解:依题意,根据欧姆定律可得

(1) 短路电流

$$I = \frac{\mathcal{E}}{r} = \frac{12}{0.05} = 240(\text{A}).$$

(2) 由公式 $I = \dfrac{\mathcal{E}}{r+R}$ 得,

$$R = \frac{\mathcal{E}}{I} - r = \frac{12}{100} - 0.05 = 0.07(\Omega).$$

8-7 当冷热接头的温度分别为 0 ℃ 和 t ℃ 时铜与康铜所构成的温差电偶的温差电势可用下式表示 $\mathcal{E} = 35.3t + 0.039t^2(\mu\text{V})$. 今将温差电偶的一接头插入炉中,另一头的温度保持 0 ℃,此时获得的温差电动势为 28.75(mV),求此炉的温度.

解:依题意,

$$\mathcal{E} = 35.3t + 0.039t^2(\mu\text{V}),$$

代入 $\mathcal{E} = 28.75$ mV,求解方程可得温度 $t \approx 518$ ℃.

8-8 电动势 $\mathcal{E}_1 = 1.8$ V、$\mathcal{E}_2 = 1.4$ V 的两个电池与外电阻 R 连接如题 8-8 图所示. 在图(a)中,伏特计读数为 $U_1 = 0.6$ V,若将两电池与外电阻 R 按图(b)所示连接,则伏特计的读数将为多少(伏特计的零刻度在中央)?

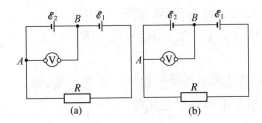

题 8-8 图

解：依题意，设电池内阻分别为 r_1 和 r_2，对题 8-8(a) 图所示的电路，电流沿顺时针方向，对 $A\mathscr{E}_2B$ 这段电路应用一段含源电路的欧姆定律可得

$$U_{AB} = U_1 = \sum IR - \sum \mathscr{E} = I_1 r_2 - \mathscr{E}_2 = \frac{\mathscr{E}_1 + \mathscr{E}_2}{R + r_1 + r_2} r_2 - \mathscr{E}_2,$$

由此得

$$\frac{r_2}{R + r_1 + r_2} = \frac{\mathscr{E}_2 + U_1}{\mathscr{E}_1 + \mathscr{E}_2}.$$

同理，对题 8-8(b) 图，电流仍沿顺时针方向，对 $A\mathscr{E}_2B$ 这段电路，应用一段含源电路欧姆定律得

$$U_2 = \sum IR - \sum \mathscr{E} = I_2 r_2 + \mathscr{E}_2 = \frac{\mathscr{E}_1 - \mathscr{E}_2}{R + r_1 + r_2} r_2 + \mathscr{E}_2$$

$$= \mathscr{E}_2 + \frac{\mathscr{E}_1 - \mathscr{E}_2}{\mathscr{E}_1 + \mathscr{E}_2}(\mathscr{E}_2 + U_1)$$

$$= 1.4 + \frac{1.8 - 1.4}{1.8 + 1.4} \times (1.4 + 0.6)$$

$$= +1.65(\text{V}),$$

所以读数为 1.65 V，且 A 点电势高于 B 点.

8-9 三个半径为 r 的铜环，如题 8-9 图所示连接，节点 A、B、C、D、E、F 把三铜环分为四等份. 如果铜线直径为 d，电阻率为 ρ，以 A 和 B 两点供电，此回路电阻为多少？

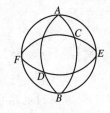

题 8-9 图

解：设 R 为从 A 至 B 的半圆形导线的电阻. 根据对称原理可以推知，圆形导线 $DECF$ 无电流流过，可以视为互相断开，设半圆线圈电阻为 R，AB 间总电阻为 R'，则

$$R' = \frac{R}{4} = \frac{1}{4}\rho \frac{l}{S} = \frac{1}{4}\rho \frac{\pi r}{\frac{\pi d^2}{4}} = \frac{\rho r}{d^2}.$$

8-10 如题 8-10 图所示的电路,设电流 $I=10$ A,$R_1=R_2=R_7=R_8=2$ Ω,$R_3=R_4=R_5=R_6=1$ Ω.求 U_{ab}.

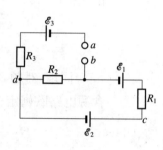

题 8-10 图

解:根据对称原理可推知 R_7、R_8 无电流,可视为断开.根据电阻并联公式得

$$\frac{1}{R_{ab}} = \frac{1}{R_1+R_2} + \frac{1}{R_3+R_4} + \frac{1}{R_5+R_6},$$

代入相应数值得

$$R_{ab} = \frac{4}{5} = 0.8(\Omega),$$

$$U_{ab} = IR_{ab} = 10 \times 0.8 = 8(V).$$

8-11 如题 8-11 图所示的电路中,已知 $\mathscr{E}_1=12$ V,$\mathscr{E}_2=\mathscr{E}_3=6$ V,$R_1=R_2=R_3=3$ Ω,电源内阻不计,求 U_{ab}、U_{ac}、U_{bc}.

解:对回路 $\mathscr{E}_1 R_1 c \mathscr{E}_2 d R_2 \mathscr{E}_1$,应用欧姆定律得

$$I = \frac{\mathscr{E}_1 - \mathscr{E}_2}{R_1 + R_2} = \frac{12-6}{3+3} = 1(A).$$

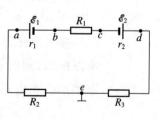

题 8-11 图

根据一段含源电路欧姆定律求各相应电压,

$$U_{ab} = U_{ad} + U_{db} = -\mathscr{E}_3 + IR_2 = -6+3 = -3(V).$$
$$U_{ac} = U_{ad} + U_{dc} = -\mathscr{E}_3 - \mathscr{E}_2 = -6-6 = -12(V).$$
$$U_{bc} = -\mathscr{E}_1 + IR_1 = -12+3 = -9(V).$$

也可用电压相加计算 U_{bc},

$$U_{bc} = U_{ba} + U_{ac} = -U_{ab} + U_{ac} = 3-12 = -9(V).$$

8-12 如题 8-12 图所示的电路中,$\mathscr{E}_1=24$ V,$r_1=2$ Ω,$\mathscr{E}_2=6$ V,$r_2=1$ Ω,$R_1=2$ Ω,$R_2=1$ Ω,$R_3=3$ Ω.求:(1)电路中的电流;(2)a、b、c 和 d 点的电势;(3)U_{ab}、U_{dc}.

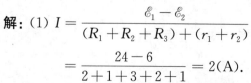

题 8-12 图

解:(1) $I = \dfrac{\mathscr{E}_1 - \mathscr{E}_2}{(R_1+R_2+R_3)+(r_1+r_2)}$

$= \dfrac{24-6}{2+1+3+2+1} = 2(A).$

(2) $V_e = 0$,

$V_a = U_{ae} = IR_2 = 2 \times 1 = 2(V)$,

$V_b = U_{be} = I(r_1 + R_2) - \mathscr{E}_1 = 2 \times (2+1) - 24 = -18(V)$,

$V_c = U_{ce} = U_{cb} + U_{be} = IR_1 + U_{be} = 2 \times 2 - 18 = -14(V)$,

$V_d = U_{de} = -IR_3 = -2 \times 3 = -6(V)$.

(3) $U_{ab} = V_a - V_b = 2 - (-18) = 20(V)$,

$U_{dc} = V_d - V_c = -6 - (-14) = 8(V)$.

8-13 在如题 8-13 图所示的电路中,已知 $\mathscr{E}_1 = 12$ V, $\mathscr{E}_2 = 9.0$ V, $\mathscr{E}_3 = 8.0$ V, $r_1 = r_2 = r_3 = 1.0$ Ω, $R_1 = R_2 = R_3 = R_4 = 2.0$ Ω, $R_5 = 3.0$ Ω. 求:(1) U_{ab}、U_{cd};(2) c、d 两点短路后,通过 R_5 中的电流.

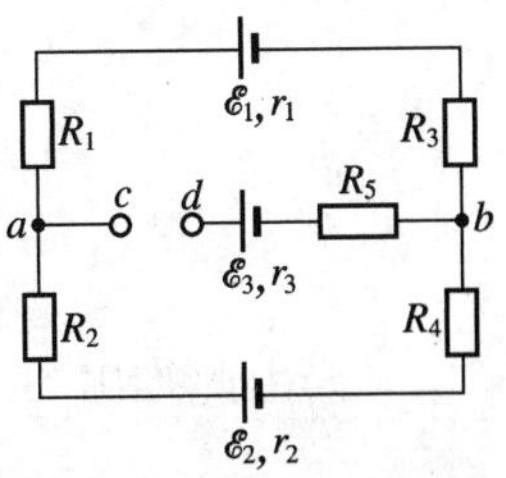

题 8-13 图

解:(1) $I = \dfrac{\mathscr{E}_1 - \mathscr{E}_2}{(R_1 + R_2 + R_3 + R_4) + (r_1 + r_2)}$

$= \dfrac{12 - 9}{(2+2+2+2) + (1+1)} = 0.3(A)$.

$U_{ab} = \sum IR - \sum \mathscr{E} = I(R_2 + R_4 + r_2) - (-\mathscr{E}_2)$

$= 0.3 \times (2+2+1) - (-9) = 10.5(V)$.

$U_{cd} = U_{ca} + U_{ab} + U_{bd} = 0 + 10.5 + (-\mathscr{E}_3)$

$= 10.5 - 8.0 = 2.5(V)$.

(2) 由基尔霍夫定律得:

$$\begin{cases} I_1 = I_2 + I_5 \\ I_1(R_1 + R_3 + r_1) + I_5(R_5 + r_3) = \mathscr{E}_1 - \mathscr{E}_3 \\ I_2(R_2 + R_4 + r_2) - I_5(R_5 + r_3) = \mathscr{E}_3 - \mathscr{E}_2 \end{cases}$$

推出

$$\begin{cases} I_1 = I_2 + I_5, \\ 5I_1 + 4I_5 = 4, \\ 5I_2 - 4I_5 = -1, \end{cases}$$

得

$$\begin{cases} I_1 = \dfrac{32}{65}(A), \\ I_2 = \dfrac{7}{65}(A), \\ I_5 = \dfrac{5}{13}(A). \end{cases}$$

8-14 如题 8-14 图所示是加法器的原理图，试证明：

(1) $R_i = R$ 时 $U = \dfrac{1}{4}(\mathscr{E}_1 + \mathscr{E}_2 + \mathscr{E}_3)$；

(2) $R_i \ll R$ 时 $U = \dfrac{1}{3}(\mathscr{E}_1 + \mathscr{E}_2 + \mathscr{E}_3)$.

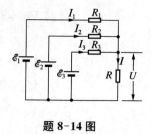

题 8-14 图

解： 由基尔霍夫定律得

$$\begin{cases} I = I_1 + I_2 + I_3, \\ I_1 R_1 + IR = \mathscr{E}_1, \\ I_2 R_2 + IR = \mathscr{E}_2, \\ I_3 R_3 + IR = \mathscr{E}_3. \end{cases}$$

由此推出

$$\begin{cases} I = I_1 + I_2 + I_3, \\ I_1 \dfrac{R_1}{R} + I = \dfrac{\mathscr{E}_1}{R}, \\ I_2 \dfrac{R_2}{R} + I = \dfrac{\mathscr{E}_2}{R}, \\ I_3 \dfrac{R_3}{R} + I = \dfrac{\mathscr{E}_3}{R}. \end{cases}$$

从而求得

$$\left(I_1 \dfrac{R_1}{R} + I_2 \dfrac{R_2}{R} + I_3 \dfrac{R_3}{R}\right) + 3I = \dfrac{\mathscr{E}_1}{R} + \dfrac{\mathscr{E}_2}{R} + \dfrac{\mathscr{E}_3}{R},$$

(1) 当 $R_i = R$ 时

$$I = \dfrac{\left(\dfrac{\mathscr{E}_1}{R} + \dfrac{\mathscr{E}_2}{R} + \dfrac{\mathscr{E}_3}{R}\right)}{1 + 3} = \dfrac{\mathscr{E}_1 + \mathscr{E}_2 + \mathscr{E}_3}{4R},$$

$$U = IR = \dfrac{\mathscr{E}_1 + \mathscr{E}_2 + \mathscr{E}_3}{4}.$$

(2) 当 $R_i \ll R$ 时，$\dfrac{R_i}{R} \ll 1$.

$$3I = \dfrac{1}{R}(\mathscr{E}_1 + \mathscr{E}_2 + \mathscr{E}_3),$$

$$I = \dfrac{1}{3R}(\mathscr{E}_1 + \mathscr{E}_2 + \mathscr{E}_3),$$

$$U = IR = \frac{1}{3}(\mathscr{E}_1 + \mathscr{E}_2 + \mathscr{E}_3).$$

8-15 为了检查电缆中的一根导线由于损坏而接地的位置，可以用题 8-15 图所示的电路. AB 是一根长为 100 cm 粗细均匀的电阻丝，接触点 S 可在它上面滑动. 当 S 滑到 SB＝41 cm 处时，通过检流计的电流为零. 求电缆损坏处距检查处的距离 x. 已知电缆长 l＝7.8 km，其中 AC、BD、EF 的电阻略去不计.

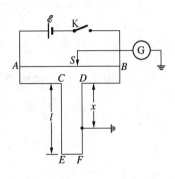

题 8-15 图

解： 根据电桥平衡条件可得

$$\frac{R_{AS}}{R_{SB}} = \frac{2l - x}{x},$$

因此，

$$x = \frac{2lR_{SB}}{R_{SB} + R_{AS}} = \frac{2 \times 7.8 \times 10^3 \times 0.41}{1.0} = 6\ 396 (\text{m}).$$

8-16 如题 8-16 图所示电路中，$\mathscr{E}_1 = 2.15$ V，$\mathscr{E}_2 = 1.9$ V，$R_1 = 0.1\ \Omega$，$R_2 = 0.2\ \Omega$，$R_3 = 2\ \Omega$，求 I_1、I_2、I_3.

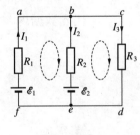

题 8-16 图

解： 由基尔霍夫定律得

$$\begin{cases} I_1 = I_2 + I_3, \\ \mathscr{E}_1 - \mathscr{E}_2 = I_1 R_1 + I_2 R_2, \\ \mathscr{E}_2 = -I_2 R_2 + I_3 R_3 \end{cases}$$

代入数值，

$$\begin{cases} I_1 = I_2 + I_3, \\ 0.25 = 0.1 I_1 + 0.2 I_2, \\ 1.9 = -0.2 I_2 + 2 I_3, \end{cases}$$

得

$$\begin{cases} I_2 = 0.5 (\text{A}), \\ I_3 = 1.0 (\text{A}), \\ I_1 = 1.5 (\text{A}). \end{cases}$$

8-17 在题 8-17 图中，$r_1 = r_2 = r_3 = 1\ \Omega$，$R_1 = R_3 = R_4 = 2\ \Omega$，$R_2 = 1\ \Omega$，$\mathscr{E}_1 = 12$ V，$\mathscr{E}_2 = 10$ V，$\mathscr{E}_3 = 8$ V，$R_5 = 3\ \Omega$，求：(1) $U_{ab} = ?$ (2) 当 a、b 连通后，各支路电流为多少？(3) 若使 $R_2 = 2\ \Omega$，则 U_{ab} 为多少？

解：(1) 在 a、b 断开的情况下，

$$I = \frac{\mathscr{E}_1 - \mathscr{E}_3}{R_1 + R_2 + R_3 + R_4 + r_1 + r_3},$$

$$= \frac{4}{2+1+2+2+1+1} = \frac{4}{9}(\text{A}),$$

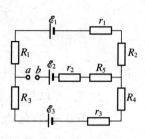

题 8-17 图

根据一段含源电路欧姆定律可得，

$$U_{ab} = \sum IR - \sum \mathscr{E} = I(R_3 + R_4 + r_3) + \mathscr{E}_3 - \mathscr{E}_2$$

$$= \frac{4}{9} \times 5 + 8 - 10$$

$$= \frac{2}{9}(\text{V}).$$

(2) 应用基尔霍夫定律

$$\begin{cases} \mathscr{E}_1 - \mathscr{E}_2 = IR_1 + I_1(r_2 + R_5) + I(r_1 + R_2), \\ \mathscr{E}_1 - \mathscr{E}_3 = IR_1 + I_2(r_3 + R_3 + R_4) + I(r_1 + R_2), \\ I = I_1 + I_2, \end{cases}$$

代入数据得

$$\begin{cases} 2 = 2I + 4I_1 + 2I, \\ 4 = 2I + 5I_2 + 2I, \\ I = I_1 + I_2, \end{cases}$$

解得

$$\begin{cases} I = \frac{13}{28}(\text{A}), \\ I_1 = \frac{2}{56}(\text{A}), \\ I_2 = \frac{3}{7}(\text{A}). \end{cases}$$

(3) 在 a, b 仍然断开情况下，

$$I = \frac{\mathscr{E}_1 - \mathscr{E}_3}{R_1 + R_2 + R_3 + R_4 + r_1 + r_3} = \frac{4}{2+2+2+2+1+1} = 0.4(\text{A}),$$

$$U_{ab} = \sum IR - \sum \mathscr{E} = I(R_3 + R_4 + r_3) + \mathscr{E}_3 - \mathscr{E}_2$$

$$= 0.4 \times 5 + 8 - 10 = 0(\text{V}).$$

9 电磁现象

本章提要

1. 基本概念

(1) 磁感应强度 B,是描述磁场本身性质的基本物理量,它是用运动电荷在磁场中一点所受的力来定义的. 它的大小为 $B = \dfrac{F_{max}}{qv}$.

(2) 磁感应通量(简称磁通量)Φ,对面元 dS,有 $d\Phi = \boldsymbol{B} \cdot d\boldsymbol{S} = BdS\cos\theta$,对于任意曲面,其磁通量 $\Phi = \int d\Phi = \iint_S \boldsymbol{B} \cdot d\boldsymbol{S}$.

(3) 磁矩 m 是描述载流线圈本身性质的物理量,定义为 $m = IS n_0$. 载流线圈所产生的磁场和它在磁场中所受到的力矩,都可以用它的磁矩来表示.

(4) 动生电动势,非静电力由洛伦兹力提供,即 $\mathscr{E}_{AB} = \int_A^B \boldsymbol{E}_K \cdot d\boldsymbol{l} = \int_A^B (\boldsymbol{v} \times \boldsymbol{B}) \cdot d\boldsymbol{l}$ 对一个闭合回路,有 $\mathscr{E}_L = \oint_L (\boldsymbol{v} \times \boldsymbol{B}) \cdot d\boldsymbol{l}$,式中作用在单位正点电荷上的洛伦兹力 $(\boldsymbol{v} \times \boldsymbol{B})$,就是非静电场强.

(5) 感生电动势,非静电力由变化磁场产生的感应电场来提供,即 $\mathscr{E}_{AB} = \int_A^B \boldsymbol{E}_K \cdot d\boldsymbol{l} = \int_A^B \boldsymbol{E}_{感} \cdot d\boldsymbol{l}$ 对一个闭合回路,有 $\mathscr{E}_L = \oint_L \boldsymbol{E}_{感} \cdot d\boldsymbol{l}$,这里的非静电场强是感应电场.

2. 基本定律及公式

(1) 安培定律:电流元在(外)磁场 B 中受到的力表示为 $d\boldsymbol{F} = Id\boldsymbol{l} \times \boldsymbol{B}$.

洛伦兹力可表示为 $\boldsymbol{f} = q(\boldsymbol{v} \times \boldsymbol{B})$

(2) 法拉第电磁感应定律可表示为 $\mathscr{E}_i = -\dfrac{d\Phi}{dt} = -\dfrac{d}{dt}\iint_S \boldsymbol{B} \cdot d\boldsymbol{S}$,此式说明,不论 $\boldsymbol{B}$ 的大小发生变化,还是 S 的大小发生变化,或者是 $\boldsymbol{B}$ 与 S 的夹角发生变化,都会引起 Φ 的变化,即有感应电动势产生.

(3) 楞次定律告诉我们:回路中感应电流的方向总是使它所产生的磁通量来阻碍回路中磁通量的变化.

(4) 磁场的高斯定理可表述为 $\oiint_S \boldsymbol{B} \cdot d\boldsymbol{S} = 0$,它表明磁场是无源场.

(5)安培环路定理可表示为 $\oint_L \boldsymbol{B} \cdot \mathrm{d}\boldsymbol{l} = \mu_0 \sum I$,它说明磁感应强度 $\boldsymbol{B}$ 沿闭合路径的线积分,等于穿过闭合路径的电流和的 μ_0 倍,电流方向与闭合路径(环路,有时也称回路)的绕行方向符合右手螺旋关系的 I 取正,否则取负.

$\oint_L \boldsymbol{B} \cdot \mathrm{d}\boldsymbol{l} \neq 0$,它表明磁场不是有势场.

习题精解

9-1 如题9-1图所示,在球面上铅直和水平的两个圆中,通以大小相等的电流,问球心处的磁感应强度 $\boldsymbol{B}$ 指向什么方向?

答:利用右手螺旋法则可知,圆心磁感应强度方向为:向里,斜下$45°$.

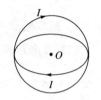

题 9-1 图

9-2 有两根长导线接在电源上,并使它们对称地接到一个铁环上,如题9-2图所示.此时在环心处的磁感应强度等于多少?

答:圆环上下电流相等,在圆心处产生的磁感应强度大小相等,方向相反,从而圆心处磁感应强度为零.

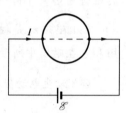

题 9-2 图

9-3 在图中两导线中的电流 $I_1 = I_2 = 8$ A.试对如图所示的三个闭合线 $a、b、c$ 分别写出安培环路定律等式右边电流的代数和.并讨论:

(1)在每一个闭合线上各点的磁感应强度 B 是否相等,为什么?(2)在闭合线 b 上各点的 B 是否为零,为什么?

解:a 回路电流代数和 $I_1 = -8$ A,c 回路电流代数和 $I_2 = 8$ A,b 回路电流代数和 $I_3 = 0$ A.

(1)每一闭合回路上各点的磁感应强度不完全相等,磁感应强度与电流大小,电流源的距离有关,各点距离电流源的距离不等,大小就可能不等.

(2)由磁感应强度的矢量叠加原理可得,b 回路上的磁感应强度不为零.

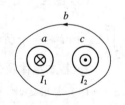

题 9-3 图

9-4 一长直导线载有电流 50 A,离导线 5.0 cm 处一电子以速率 1.0×10^{-7} m·s^{-1} 运动,求下列情况下作用在电子上的洛伦兹力:

(1)设电子的速度 v 平行于导线;(2)设 v 垂直于导线并指向导线;(3)设 v 垂直于导线和电子所构成的平面.

解：导线在 5.0 cm 处产生的磁感应强度大小为

$$B = \frac{\mu_0 I}{2\pi r} = \frac{4\pi \times 10^{-7} \times 50}{2\pi \times 0.05} = 2.0 \times 10^{-4}(\text{T}).$$

(1) 洛伦兹力为

$$f = qvB = 1.6 \times 10^{-19} \times 1.0 \times 10^{-7} \times 2.0 \times 10^{-4} = 3.2 \times 10^{-30}(\text{N}),$$

方向：电子沿着电流方向，则方向垂直导线向外；电子逆着电流方向，则方向垂直导线向里.

(2) 洛伦兹力大小为 $f = qvB = 3.2 \times 10^{-30}$ N，方向：沿着导线方向.

(3) 速度与磁感应强度平行，洛伦兹力为零.

9-5 一段直导线在均匀磁场中做如题 9-5 图所示的四种运动. 在哪种情况下导线中有感生电动势？感生电动势的方向是怎样的？

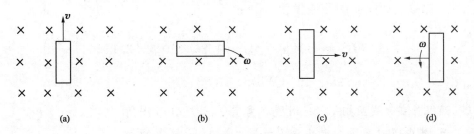

题 9-5 图

解：(a)，(d) 没有动生电动势.

(b) 如果绕中心转，没有动生电动势；如果绕端点转，有动生电动势.

(c) 有动生电动势.

9-6 线圈在磁场中(该磁场由无限长直载流导线所产生)做匀速平动，如题 9-6 图所示，问哪种情况会产生感生电流？为什么？感生电流的方向是怎样的？

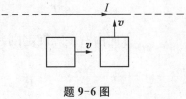

题 9-6 图

解：第二种情况，即向靠近导线方向的运动会产生感生电流，因为通过闭合回路的磁通量发生了变化. 由楞次定律可得，电流沿逆时针方向.

9-7 已知磁感应强度 $B = 2.0$ T 的均匀磁场，方向是沿 x 轴的正方向，如题 9-7 图所示. 试求：(1) 通过 $abcd$ 面的磁通量；(2) 通过 $befc$ 面的磁通量；(3) 通过 $aefd$ 面的磁通量.

解：(1) 通过 $abcd$ 面的磁通量为

$$\Phi = BS = B \cdot \overline{ab} \cdot \overline{bc} = 2.0 \times 40 \times 10^{-2} \times 30 \times 10^{-2}$$
$$= 0.24 (\text{Wb})$$

(2) 通过 $befc$ 面的磁通量为零.

(3) 穿过 $abcd$ 面的磁通量,也全部通过 $aefd$ 面,故通过 $aefd$ 面的磁通量为

$$\Phi = 0.24 (\text{Wb})$$

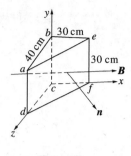

题 9-7 图

9-8 已知一螺线管的直径为 2 cm,长为 20 cm,匝数为 100,通过螺线管的电流为 2 A,求通过螺线管每一匝的磁通量.

解：应用无限长螺线管的磁感应强度的公式,可求出管内磁感应强度为

$$B = \mu_0 nI = 4\pi \times 10^{-7} \times \frac{100}{0.2} \times 2 = 1.26 \times 10^{-3} (\text{T}).$$

通过每一匝的磁通量为

$$\Phi = BS = B \times \pi \left(\frac{d}{2}\right)^2 = 1.26 \times 10^{-3} \times 3.14 \times \left(\frac{0.02}{2}\right)^2$$
$$= 3.95 \times 10^{-7} (\text{Wb}).$$

9-9 两根长直导线互相平行地放置在真空中,如题 9-9 图所示,其中通以同方向的电流 $I_1 = I_2 = 10$ A. 求 P 点的磁感应强度,已知 $PI_1 \perp PI_2$, $PI_1 = PI_2 = 0.5$ m.

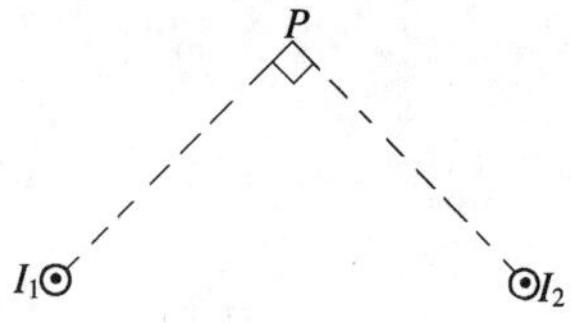

解：由安培环路定理,可得 I_1 在 P 点产生的磁场强度为

题 9-9 图

$$B_1 = \frac{\mu_0 I_1}{2\pi r} = \frac{4\pi \times 10^{-7} \times 10}{2\pi \times 0.5} = 4 \times 10^{-6} (\text{T}),$$

方向由右手螺旋定则判断. I_2 在 P 点产生的磁场强度为

$$B_2 = \frac{\mu_0 I_2}{2\pi r} = \frac{4\pi \times 10^{-7} \times 10}{2\pi \times 0.5} = 4 \times 10^{-6} (\text{T}),$$

方向由右手螺旋定则判断. 合磁场大小为

$$B = \sqrt{B_1^2 + B_2^2} = \sqrt{2} B_1 = 4\sqrt{2} \times 10^{-6} (\text{T}),$$

方向水平向左.

9-10 一带电粒子进入均匀磁场 B 中,如题 9-10 图所示. 当它位于 A 点时速度与磁场方向成 α 角,绕螺旋线一圈后达到 B 点,求 AB 的长度. 已知带电粒子的电量

$q=10^{-4}$ C, $m=10^{-9}$ g, $B=10^{-3}$ T, $v=10^6$ cm·s^{-1}, $\alpha=30°$.

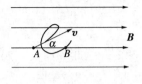

题 9-10 图

解：将速度分解为平行与垂直于磁场方向的两个分量，两分量分别为

$$v_{\parallel} = v\cos 30° = \frac{\sqrt{3}}{2}\times 10^4 \text{(m/s)},$$

$$v_{\perp} = v\sin 30° = \frac{1}{2}\times 10^4 \text{(m/s)}.$$

将螺旋线运动可分解为竖直平面内的匀速圆周运动和沿水平方向的匀速直线运动的合线. 洛伦兹力提供该圆周运动的向心力，

$$qv_{\perp}\cdot B = m\frac{v_{\perp}^2}{r},$$

得

$$r = \frac{mv_{\perp}}{qB} = \frac{10^{-12}\times 0.5\times 10^4}{10^{-4}\times 10^{-3}} = 0.05 \text{(m)},$$

周期

$$T = \frac{2\pi r}{v_{\perp}} = \frac{2\pi\times 0.05}{0.5\times 10^4} = 6.28\times 10^{-5} \text{(s)},$$

AB 长度为

$$l_{AB} = v_{\parallel}T = \frac{\sqrt{3}}{2}\times 10^4\times 6.28\times 10^{-5} = 0.54 \text{(m)}.$$

9-11 电子在磁感应强度 B 为 20×10^{-3} T 的均匀磁场中沿半径 $R=2$ cm 的螺旋线运动，螺旋线间距 $h=5$ cm，如题 9-11 图所示，求电子的速度.

解：与 9-10 题类似，假设电子速度大小为 v，与水平方向夹角为 θ，则

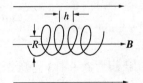

题 9-11 图

螺距

$$h = v_{\parallel}T = v\cos\theta\times T = \frac{2\pi m v\cos\theta}{qB} = 0.05, \tag{1}$$

旋转半径

$$r = \frac{mv_\perp}{qB} = \frac{mv\sin\theta}{qB} = 0.02, \qquad (2)$$

联立(1)、(2)两式,求解可得 $v = 7.57 \times 10^7$ m/s,与水平方向的夹角为 $\theta = 68.3°$.

电子速度和光速可比拟,若考虑电子的相对论质量修正,则(1)、(2)两式表示为

$$h = v_\parallel T = \frac{2\pi mv\cos\theta}{qB} \times \frac{1}{\sqrt{1-\left(\frac{v}{c}\right)^2}} = 0.05, \qquad (1')$$

$$r = \frac{mv\sin\theta}{qB} \times \frac{1}{\sqrt{1-\left(\frac{v}{c}\right)^2}} = 0.02, \qquad (2')$$

(1'),(2')两式联立求解,可得 $v = 7.34 \times 10^7$ m/s,与水平方向的夹角为 $\theta = 68.3°$.

9-12 一束二价铜离子以 1.0×10^5 m·s^{-1} 的速率进入质谱仪的均匀磁场,转过 $180°$ 后各离子打在照相底片上,设磁感应强度为 0.50 T.试计算质量为 63 原子质量单位(u)和 65 原子质量单位(u)的两同位素分开的距离(1 u$=1.66 \times 10^{-27}$ kg).

解:依题意及带电粒子在均匀磁场中做圆周运动的相关结论可得旋转直径为

$$d = 2r = \frac{2mv}{qB},$$

不同质量的带电粒子在底片上位置不同,之间的距离差为

$$\Delta d = \frac{2v}{qB}\Delta m = \frac{2 \times 1.0 \times 10^5}{2 \times 1.6 \times 10^{-19} \times 0.5} \times 2 \times 1.66 \times 10^{-27} = 4.15(\text{mm}).$$

9-13 题 9-13 图所示为一测定离子质量所用的装置.离子源 S 为发生气体放电的气室,一质量为 m,电量为 $+q$ 的离子在此处产生出来时基本上是静止的.离子经电势差 U 加速后进入磁感应强度为 B 的均匀磁场,在此磁场中,离子沿一半圆周运动后射到距入口缝隙 x 远处的感应底片上.试证明离子的质量 m 为

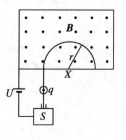

题 9-13 图

$$m = \frac{B^2 q}{8U} x^2.$$

解：依题意，静止带电粒子经电压 U 加速后达到速度 v 并进入匀强磁场，则根据动能定理得

$$qU = \frac{1}{2} mv^2,$$

$$v = \sqrt{\frac{2qU}{m}}.$$

在磁场中粒子做圆周运动的直径即为粒子运动一半圆周后距入口缝隙的距离 x，且

$$\frac{x}{2} = \frac{mv}{qB},$$

即

$$\frac{x}{2} = \frac{m}{qB} \sqrt{\frac{2qU}{m}},$$

因此，

$$m = \frac{x^2 qB^2}{8U}.$$

9-14 题 9-14 图所示为一正三角形线圈，放在均匀磁场中，磁场方向与线圈平面平行，且平行于 BC 边. 设 $I = 10$ A，$B = 1$ T，正三角形边长 $l = 0.1$ m，求线圈所受的力矩.

解：线圈的磁矩为

$$m = IS = 10 \times 0.1 \times 0.1 \times \frac{\sqrt{3}}{4} = 0.043\,3 (\text{A} \cdot \text{m}^2),$$

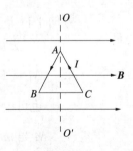

题 9-14 图

其方向为垂直纸面向外.

在磁场中受到的力矩大小为

$$M = mB \sin \varphi = 0.043\,3 \times 1.0 \times \sin 90° = 0.043\,3 (\text{N} \cdot \text{m}),$$

其方向沿 OO' 向上.

9-15 在 $B = 4.0 \times 10^{-2}$ Wb·m^{-2} 的均匀磁场中，放置一长 $l = 0.10$ m，宽 $b = 1.5 \times 10^{-2}$ m 的 3 匝线圈，通有电流 3.0 A，求：(1)线圈的磁矩；(2)线圈所受的最大磁力矩.

解：依题意和磁矩的定义得

(1) $m = NIS = 3 \times 3.0 \times 0.1 \times 1.5 \times 10^{-2} = 0.0135(\text{A}\cdot\text{m}^2)$,

(2) 由磁力矩公式 $M = m \times B$ 得,最大力矩为

$$M = mB = 0.0135 \times 4.0 \times 10^{-2} = 5.4 \times 10^{-4}(\text{N}\cdot\text{m}).$$

9-16 长方形线圈 $abcd$ 可绕 y 轴旋转,载有电流 $10\ \text{A}$,其方向如题 9-16 图中所示.线圈放在磁感应强度为 $0.02\ \text{T}$,方向平行于 x 轴的匀强磁场中,问:(1)每边所受力多大?方向如何?(2)若维持线圈在原位置时需多大力矩?(3)夹角多大时所受力矩最小?

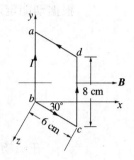

题 9-16 图

解:(1) 由安培定律可得通电线圈各条边的受力分别为:ab 边,受力大小 $F = Il_{ab}B = 10 \times 0.08 \times 0.02 = 0.016(\text{N})$,方向垂直纸面向外;

bc 边,受力大小 $F = Il_{bc}B\sin 30° = 10 \times 0.06 \times 0.02 \times \dfrac{1}{2} = 0.006(\text{N})$,方向平行于 y 轴向上;

cd 边,受力大小 $F = Il_{cd}B = 10 \times 0.08 \times 0.02 = 0.016(\text{N})$,方向垂直纸面向里

da 边,受力大小 $F = Il_{da}B\sin 150° = 10 \times 0.06 \times 0.02 \times \dfrac{1}{2} = 0.006(\text{N})$,方向平行于 y 轴向下.

(2) 力矩由 cd 边受力决定,

$$M = F_{cd}l_{bc}\cos\varphi = 0.06 \times \cos 30° \times 0.016 = 8.31 \times 10^{-4}(\text{N}\cdot\text{m}).$$

也可由磁力矩公式得力矩大小为,

$$M = mB\sin\varphi = ISB\sin 120°$$
$$= 10 \times 0.06 \times 0.08 \times 0.02 \times \dfrac{\sqrt{3}}{2} = 8.31 \times 10^{-4}(\text{N}\cdot\text{m}).$$

力矩的方向沿 y 轴向上.

从力学角度分析可知,维持线圈在原位置,就是角加速度为零,由刚体转动定律可得,角加速度为零,则表明合外力矩为零,从而维持线圈在原位置的力矩大小,应该等于此时线圈所受的力矩,即

$$M_1 = M = 8.31 \times 10^{-4}(\text{N}\cdot\text{m}),$$

其方向与 M 相反,即沿 y 轴竖直向下.

(3) bc 边与 x 轴垂直时,所受力矩为零.

9-17 将一磁铁插入一闭合电路线圈中,一次迅速插入,另一次缓慢地插入,问:(1)第一次和第二次线圈中的感生电量是否相同?(2)手推磁铁的力所做的功是否相同?(3)将磁铁插入一不闭合的金属环中,环中将发生什么变化?

解:(1)根据法拉第电磁感应定律可知,感生电动势为

$$\mathscr{E} = -\frac{d\Phi}{dt},$$

电流

$$I = \frac{\mathscr{E}}{R},$$

在 dt 时间内通过导线横截面的电量

$$dq = Idt = \frac{\mathscr{E}}{R}dt = -\frac{1}{R}\frac{d\Phi}{dt}dt = -\frac{1}{R}d\Phi,$$

两边积分得,

$$Q = \int_0^Q dq = -\frac{1}{R}\int_{\Phi_{初}}^{\Phi_{末}} d\Phi = -\frac{1}{R}(\Phi_{末} - \Phi_{初}),$$

此式表明,在两种情况下,磁通量变化是相等的,所以感生电量是相同的.

(2)根据能量转化和守恒定律,手推磁铁做的功转化为闭合回路的焦耳热 Q'. 焦耳热为

$$dQ' = \frac{\mathscr{E}^2}{R}dt = \frac{1}{R}\frac{d\Phi}{dt}d\Phi,$$

假定第一次磁场的变化率

$$\frac{d\Phi_1}{dt} = C_1,$$

第二次磁场的变化率

$$\frac{d\Phi_2}{dt} = C_2,$$

显然,

$$C_1 > C_2.$$

总的焦耳热

$$Q' = \int \mathrm{d}Q' = \frac{1}{R}C\int \mathrm{d}\Phi = \frac{1}{R}C(\Phi_\text{末} - \Phi_\text{初}),$$

由于 $C_1 > C_2$，故 $Q'_1 > Q'_2$，即第一次所做的功要大.

也可以从做功的定义出发考虑. 速度越大，产生的感应电动势越大，感应电流越大，从而对磁铁产生的阻力越大，保持一定的速度不变，推力也就越大，而总的运动距离不变，根据功的表达式 $A = Fl$，可得 $A_1 > A_2$，即第一次所做的功要大.

（3）感应电场是变化的磁场产生的，没有导体存在时，感应电场却仍然存在. 所以不闭合的金属环中，存在感应电动势，但是没有感应电流.

9-18 长 20 cm 的铜棒水平放置如题 9-18 图所示，沿通过其中点竖直轴线旋转，转速为每秒 5 圈. 垂直于棒的旋转平面有一匀强磁场，其磁感应强度为 1.0×10^{-2} T，求棒的一端 A 和中点间的电势差及棒两端 AB 的电势差.

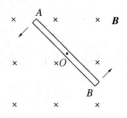

题 9-18 图

解：应用动生电动势

$$\mathscr{E} = \int (\boldsymbol{v} \times \boldsymbol{B}) \cdot \mathrm{d}\boldsymbol{l},$$

可得 OB 之间电动势

$$\mathscr{E}_{OB} = \int_0^{\frac{l}{2}} (\boldsymbol{v} \times \boldsymbol{B}) \cdot \mathrm{d}\boldsymbol{l} = -\int_0^{\frac{l}{2}} \omega B r \mathrm{d}r = -\frac{1}{2}\omega B \left(\frac{l}{2}\right)^2,$$

代入数值得

$$\mathscr{E}_{OB} = -\frac{1}{2} \times 2\pi \times 5 \times 1.0 \times 10^{-2} \times 0.01 = -1.57 \times 10^{-3}\,(\mathrm{V}).$$

$\mathscr{E}_{OB}$ 为负表示实际电动势方向为 B 点指向 O 点，从而 O 点电势高于 B 点电势. 同理可得

$$\mathscr{E}_{OA} = -1.57 \times 10^{-3}\,(\mathrm{V}),$$

O 点电势高于 A 点电势. A，B 两点电势差

$$U_{AB} = U_{AO} + U_{OB} = \mathscr{E}_{OA} - \mathscr{E}_{OB} = 0\,(\mathrm{V}).$$

9-19 如题 9-19 图所示，铜盘半径 $R = 50$ cm，在方向垂直纸面向内的匀强磁场 $\boldsymbol{B}$（$B = 1.0 \times 10^{-2}$ T）中，沿逆时针方向绕圆盘中心转动，角速度 ω 为 50 r/s，求铜盘中心和边缘之间的电势差.

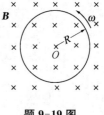

题 9-19 图

解：圆盘可看成无数的沿半径方向的细杆组成，每个细杆微元的电动势都

相同,细杆微元之间相互并联,并联电动势等于各细杆的电动势,其电动势为

$$\mathscr{E} = \int_0^R (\boldsymbol{v} \times \boldsymbol{B}) \cdot \mathrm{d}\boldsymbol{l} = -\int_0^R \omega B r \mathrm{d}r = -\frac{1}{2} \omega B R^2,$$

即中心的电势高于边缘的电势. 代入数值可得盘中心与边缘的电势差为

$$U_{OA} = -\mathscr{E} = \frac{1}{2} \omega B R^2 = \frac{1}{2} \times 2\pi \times 50 \times 1.0 \times 10^{-2} \times 0.5^2 = 0.39(\text{V}).$$

9-20 两段导线 $AB = BC = 10$ cm,在 B 处相接而成 $150°$ 角,若使导线在均匀磁场中以速率 $v = 1.5$ m·s^{-1} 运动,方向如题 9-20 图所示,磁场方向垂直纸面向里,磁感应强度为 $B = 2.5 \times 10^{-2}$ T,问 AC 间的电势差为多少?哪一端电势高?

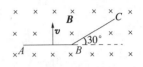

题 9-20 图

解:分段考虑,对于 AB 段,

$$\mathscr{E}_{AB} = \int_0^l (\boldsymbol{v} \times \boldsymbol{B}) \cdot \mathrm{d}\boldsymbol{r} = -\int_0^l vB \mathrm{d}r = -vBl,$$

对于 BC 段,

$$\mathscr{E}_{BC} = \int_0^l (\boldsymbol{v} \times \boldsymbol{B}) \cdot \mathrm{d}\boldsymbol{r} = vBl \cos 150° = -\frac{\sqrt{3}}{2} vBl$$

从而 AC 电势差为

$$U_{AC} = -\mathscr{E}_{AB} - \mathscr{E}_{BC} = \frac{2+\sqrt{3}}{2} vBl$$

$$= \frac{2+\sqrt{3}}{2} \times 1.5 \times 2.5 \times 10^{-2} \times 0.1 = 7 \times 10^{-3}(\text{V}),$$

A 端电势高于 C 端.

9-21 一导线 ab 弯成如题 9-21 图的形状(其中 cd 是一半圆,半径 $r = 0.10$ m,ac 和 db 段的长度均为 $l = 0.01$ m),在均匀磁场($B = 0.50$ T)中绕轴线 ab 转动,转速 $n = 3\,600$ r/min. 设电路的总电阻(包括电表 G 的内阻)为 $1\,000\,\Omega$,求导线中的感生电动势和感生电流的频率及它们的最大值各是多少?

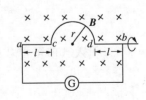

题 9-21 图

解:依题意,回路电动势是 BC 半圆弧做切割磁感线运动产生的. 半圆弧的磁通量为

$$\Phi = \boldsymbol{B} \cdot \boldsymbol{S} = \frac{\pi r^2}{2} B\cos\theta,$$

其中,θ 为半圆弧平面法线方向与磁场的夹角,则根据法拉第电磁感应定律得

$$\mathscr{E} = -\frac{\mathrm{d}\Phi}{\mathrm{d}t} = -\frac{\pi r^2}{2}B\frac{\mathrm{d}\cos\theta}{\mathrm{d}t} = \frac{\pi r^2}{2}B\sin\theta\frac{\mathrm{d}\theta}{\mathrm{d}t} = \frac{\pi r^2}{2}B\omega\sin\theta,$$

代入数值可得

$$\mathscr{E}(t) = \frac{\pi}{2}\times 0.01\times 0.5\times 2\pi\times 60\times\sin\theta = 2.96\sin(120\pi t)(\mathrm{V}),$$

其中,$\theta = \omega t = 120\pi t$. 电动势正方向规定为从左指向右的方向.

电流

$$I(t) = \frac{\mathscr{E}(t)}{R} = -2.96\times 10^{-3}\sin(120\pi t)\ \mathrm{A},$$

频率为

$$f = \frac{3\,600}{60} = 60(\mathrm{Hz}),$$

电动势最大值为 $\mathscr{E}_{\max} = 2.96\ \mathrm{V}$,电流最大值为 $I_{\max} = 2.96\times 10^{-3}\ \mathrm{A}$.

9-22 在题 9-22 图中通过回路的磁通量与线圈平面垂直,且指向图面,磁通量依如下关系变化:

$$\Phi_B = 6t^2 + 7t + 1$$

式中 Φ_B 的单位为 Wb,t 的单位为 s,问:
(1) 当 $t = 2$ s 时,在回路中的感生电动势的量值如何?
(2) R 上的电流方向如何?

题 9-22 图

解:(1) 根据法拉第电磁感应定律得

$$\mathscr{E} = -\frac{\mathrm{d}\Phi_B}{\mathrm{d}t} = -12t - 7,$$

代入数值可得 2 s 时的电动势为

$$\mathscr{E} = -12\times 2 - 7 = -31(\mathrm{V}).$$

(2) 由楞次定律可得,电流沿逆时针方向.

9-23 螺线管长为 15 cm,共绕线圈 120 匝,截面积为 20 cm^2,内无铁芯.当电流处在 0.1 s 内自 5 A 均匀地减小为零,求螺线管两端的自感电动势.

解：自感电动势

$$\mathscr{E} = -L\frac{dI}{dt} = -\mu_0 n^2 V \frac{dI}{dt},$$

代入数值得，

$$\mathscr{E} = -4\pi \times 10^{-7} \times \left(\frac{120}{0.15}\right)^2 \times 20 \times 10^{-4} \times 0.15 \times \frac{0-5}{0.1} = 0.012(\text{V}).$$

10 机械振动和机械波

本章提要

1. 基本概念

(1) 机械振动：物体在一定位置附近做周期性的往复运动，简称**振动**.

(2) 广义振动：从广泛意义上来说，物理量在某一数值附近做周期性的变化，都可以称为振动.

(3) 简谐振动：振动物体受到弹性回复力 $f=-ky$ 作用下的运动称为**简谐振动**.

(4) 描述简谐振动的三要素：包括振幅 A、周期 T(频率 ν、圆频率 ω)、初相位 φ.

① 振幅 A：它是指振动物体离开平衡位置的最大距离.

② 周期 T：它是指振动物体完成一次全振动所需要的时间称为**周期**；

频率 ν 或圆频率 ω：周期的倒数就是频率 ν，即每秒钟完成全振动的次数.

③ 初相位 φ：是时刻 $t=0$ 的相位.

周期和频率有如下关系：$\nu = \dfrac{1}{T}, \omega = 2\pi\nu = \dfrac{2\pi}{T}$

弹簧振子的固有周期：$T = 2\pi\sqrt{\dfrac{m}{k}}$

(5) 描述波动的三个物理量

① 波长 λ：沿同一波线上两个相邻的，相位相同的质点间的距离称为**波长**.

② 周期 T、频率 ν：波传播一个波长距离所需要的时间称为**周期**；周期的倒数称为**波的频率**.

③ 波速 c：单位时间内振动所传播的距离称为**波速**.

它们有如下关系：

$$c = \dfrac{\lambda}{T} \quad \text{或} \quad c = \nu\lambda$$

(6) 惠更斯原理和波的叠加原理

① 惠更斯原理：它是指媒质中波前上每一点都可看做是独立的波源而发出次级子波，在任一时刻，这些子波的包迹就是新的波前.

② 波的叠加原理：它是指几列波在同一媒质中传播时，无论相遇与否，都保留各自原

有的特征,按照各自原来的方向传播,不受其他波的影响.在相遇区域内,任一点的振动是各列波在该点所引起的振动的合成.

(7) 波的衍射:它是指波在传播过程中遇到障碍物时,能够绕过障碍物继续前进传播的现象.

(8) 声波和超声波:它是指在弹性媒质中传播的频率在 20~20 000 Hz 范围内的机械纵波称为声波.频率高于 20 000 Hz 的声波称为超声波.

(9) 声阻抗:它是描述媒质声学性质的重要物理量,其大小为 $Z=\rho c$,ρ 为媒质的密度,c 为声速.

2. 基本公式

(1) 简谐振动的振动方程,速度和加速度

① 简谐振动方程(位移):$y = A\cos(\omega t + \varphi)$

② 简谐振动的速度:$v = \dfrac{dy}{dt} = -\omega A \sin(\omega t + \varphi) = \omega A \cos\left(\omega t + \varphi + \dfrac{\pi}{2}\right)$

速度相位比位移相位超前 $\dfrac{\pi}{2}$.

③ 简谐振动的加速度:$a = \dfrac{d^2 y}{dt^2} = -\omega^2 A \cos(\omega t + \varphi) = \omega^2 A \cos(\omega t + \varphi \pm \pi)$

加速度相位比位移相位超前或落后 π.

(2) 简谐振动的能量

① 动能:$E_k = \dfrac{1}{2} m \omega^2 A^2 \sin^2(\omega t + \varphi)$

② 势能:$E_p = \dfrac{1}{2} k x^2 = \dfrac{1}{2} k A^2 \cos^2(\omega t + \varphi)$

③ 总能量:$E = E_k + E_p = \dfrac{1}{2} k A^2$

在振动过程中,动能和势能随时间都做周期性变化,但总能量保持不变.

(3) 简谐振动的合成

同方向、同频率的两个简谐振动的合成仍然是简谐振动.合成的简谐振动的频率与分振动频率相同,振幅和初相分别为

$$A = \sqrt{A_1^2 + A_2^2 + 2A_1 A_2 \cos(\varphi_2 - \varphi_1)}, \quad \tan\varphi = \dfrac{A_1 \sin\varphi_1 + A_2 \sin\varphi_2}{A_1 \cos\varphi_1 + A_2 \cos\varphi_2}$$

① 当 $\varphi_2 - \varphi_1 = \pm 2k\pi (k = 0, 1, 2, 3, \cdots)$ 时,合振幅最大,$A = A_1 + A_2$.

② 当 $\varphi_2 - \varphi_1 = \pm(2k-1)\pi (k = 1, 2, 3, \cdots)$ 时,合振幅最小,$A = |A_1 - A_2|$.

两个互相垂直的、同频率的简谐振动合成时,物体运动的轨迹也决定于两个分振动的初相差.在一般情况下其轨迹是一个斜椭圆.

(4) 简谐波的波动方程(设 $\varphi = 0$)

$$y = A\cos\omega\left(t - \frac{x}{c}\right) = A\cos 2\pi\left(\frac{t}{T} - \frac{x}{\lambda}\right) = A\cos 2\pi\left(\nu t - \frac{x}{\lambda}\right),$$

它表示任意时刻在波线上任意一点的位移.

(5) 波动的能量 波的能量密度 w、平均能量密度 $\bar{w}$、能流密度或波的强度 I.

$$w = \rho A^2 \omega^2 \sin^2\omega\left(t - \frac{x}{c}\right),$$

$$\bar{w} = \frac{1}{2}\rho A^2 \omega^2,$$

$$I = \frac{1}{2}\rho c A^2 \omega^2.$$

(6) 相干波的条件 频率相同,振动方向相同,相位相同或相位差恒定.
波的干涉产生极大和极小的条件:

① 当波程差 $\Delta = r_2 - r_1 = \pm 2k\dfrac{\lambda}{2}$ ($k = 0, 1, 2, \cdots$) 极大条件,

② 当波程差 $\Delta = r_2 - r_1 = \pm(2k-1)\dfrac{\lambda}{2}$ ($k = 1, 2, \cdots$) 极小条件.

(7) 声强及声强级 声波的能流密度称为声强,常用声强级来表示声强的相对大小.声强级的定义为

$$L = \lg\frac{I}{I_0}\ \text{B} = 10\lg\frac{I}{I_0}\ \text{dB},$$

式中,$I_0 = 10^{-12}$ W·m^{-2} 作为测定声强的基准值.

习题精解

10-1 下列表述是否正确:(1) 所有的周期运动都是简谐振动;(2) 所有的简谐振动都是周期运动;(3) 简谐振动的周期与振幅成正比;(4) 简谐振动的总能量与振幅成正比;(5) 简谐振动的速度方向与位移方向始终相同,或始终相反.

答:(1) 错误.(2) 正确.(3) 错误.(4) 错误.(5) 错误.

10-2 试指出简谐振动的物体在何处满足下述条件:(1) 位移为零;(2) 位移最大;(3) 速度为零;(4) 速度的绝对值最大;(5) 加速度为零;(6) 加速度的绝对值最大.

答:(1) 平衡位置.(2) ±振幅处.(3) ±振幅处.(4) 平衡位置.(5) 平衡位置.(6) ±振幅处.

10-3 有一质量为 10 g 的物体做简谐振动,振幅 24 cm,周期 4.0 s.当 $t=0$ 时,位移为 24 cm,试求:(1) 在 $t=0.50$ s 时,物体的位移;(2) 在 $t=0.50$ s 时,物体所受力的大小和方向;(3) 由初始位置运动到 $y=-12$ cm 处所需的最少时间;(4) $y=$

12 cm 处物体的速度.

解：设简谐振动(SHO)方程为

$$x = A\cos(\omega t + \varphi).$$

由初始条件

$$t = 0 \text{ 时}, x_0 = 24 \text{ cm}, v_0 = 0,$$

求得 $\varphi = 0$，所以 SHO 方程为

$$x = 24\cos\left(\frac{\pi}{2}t\right)(\text{cm}).$$

(1) 在 $t = 0.5$ s 时,

$$x = 24 \times \frac{\sqrt{2}}{2} = 12\sqrt{2}\,(\text{cm}).$$

(2) 由 $f = -kx$ 得,

$$f = -k \times 0.24 \times \frac{\sqrt{2}}{2} = -0.12\sqrt{2}\,k,$$

由 $\omega^2 = \dfrac{k}{m}$，得

$$k = m\omega^2 = 0.01 \times \left(\frac{\pi}{2}\right)^2 = \frac{\pi^2}{4} \times 0.01,$$

则

$$f = -0.12\sqrt{2} \times \frac{\pi^2}{4} \times 0.01 = -3\sqrt{2}\,\pi^2 \times 10^{-4}\,(\text{N}),$$

受力大小为 $3\sqrt{2}\,\pi^2 \times 10^{-4}$ N，方向为负方向.

(3) $x = 24\cos\left(\dfrac{\pi}{2}t\right)$ cm，当 $x = -12$ cm 时，可得

$$t = \frac{2}{\pi}\arccos\left(-\frac{1}{2}\right) = \frac{4}{3}\,(\text{s}).$$

(4) 当 $x = 12$ cm 时，可得

$$t = \frac{2}{\pi}\arccos\left(\frac{1}{2}\right) = \left(\frac{2}{3} + nT\right)(\text{s}),$$

或者

$$t = \left(\frac{10}{3} + nT\right) \text{s}, \quad n = 1, 2, 3, \cdots \text{为自然数}.$$

由

$$v = -24 \times \frac{\pi}{2} \times \sin\left(\frac{\pi}{2}t\right),$$

得

$$v = -24 \times \frac{\pi}{2} \times \sin\left(\frac{\pi}{3}\right) = -6\sqrt{3}\pi(\text{cm/s}),$$

或者

$$v = -24 \times \frac{\pi}{2} \times \sin\left(\frac{5\pi}{3}\right) = 6\sqrt{3}\pi(\text{cm/s}).$$

10-4 一物体沿 y 轴做简谐振动,振幅为 24 cm,周期为 2.0 s. 当 $t=0$ 时,位移为 12 cm 且向 y 轴正方向运动. 求:(1) 初相;(2) $t=0.50$ s 时物体的位移、速度和加速度;(3) 在 $y=12$ cm 处,且向 y 轴负方向运动时,物体的速度和加速度以及从这一位置回到平衡位置所需要的最短时间.

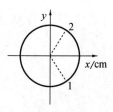

题 10-4 图

解: 应用旋转矢量法求解.

(1) 当 $t=0$,旋转矢量处于题 10-4 图中位置 1,此时

$$\varphi = -\frac{\pi}{3} \text{ rad},$$

由周期 $T=2.0$ s 可得

$$\omega = \frac{2\pi}{T} = \pi(\text{rad/s}).$$

依题意,$A=24$ cm,根据简谐振动方程的形式 $x = A\cos(\omega t + \varphi)$,得振动方程为

$$x = 24\cos\left(\pi t - \frac{\pi}{3}\right)(\text{cm}).$$

(2) $t=0.5$ s 时,位移、速度、加速度分别为

$$x = A\cos(\omega t + \varphi) = 24\cos\left(\frac{\pi}{2} - \frac{\pi}{3}\right) = 12\sqrt{3}(\text{cm}),$$

$$v = -\omega A \sin(\omega t + \varphi) = -24 \times \pi \sin\left(\pi \times 0.5 - \frac{\pi}{3}\right)$$

$$= -12\pi \text{(cm/s)},$$

$$a = -\omega^2 A\cos(\omega t + \varphi)$$

$$= -24\times\pi^2\cos\left(\pi\times 0.5 - \frac{\pi}{3}\right)$$

$$= -12\sqrt{3}\,\pi^2\,(\text{cm/s}^2).$$

(3) 当旋转矢量到达位置 2 处时,由旋转图可知此时的相位为 $\frac{\pi}{3}$. 根据相关公式可得,

$$x = A\cos(\omega t + \varphi) = 24\cos\left(\frac{\pi}{3}\right) = 12\,(\text{cm}),$$

$$v = -\omega A\sin(\omega t + \varphi) = -24\times\pi\sin\left(\frac{\pi}{3}\right) = 12\sqrt{3}\,\pi\,(\text{cm/s}),$$

$$a = -\omega^2 A\cos(\omega t + \varphi) = -24\times\pi^2\cos\left(\frac{\pi}{3}\right) = -12\pi^2\,(\text{cm/s}^2).$$

(4) 对于匀速转动,转过的角度与时间 t 成正比,所以

$$\frac{\frac{\pi}{6}}{2\pi} = \frac{t}{T},$$

由此得,

$$t = \frac{\frac{\pi}{6}}{2\pi}\times T = \frac{1}{12}\times 2 = \frac{1}{6}\,(\text{s}).$$

10-5 物体做简谐振动,振幅为 15 cm,频率为 4.0 Hz,求:(1) 最大速度和最大加速度;(2) 位移为 9.0 cm 时的速度和加速度;(3) 从平衡位置运动到距平衡位置为 12 cm 处所需的最短时间.

解: (1) 角速度 $\omega = 2\pi f = 8\pi\,(\text{rad/s})$,

最大速度

$$v_{\max} = \omega A = 8\pi\times 15 = 120\pi\,(\text{cm/s}),$$

最大加速度

$$a_{\max} = \omega^2 A = (8\pi)^2\times 15 = 960\pi^2\,(\text{cm/s}^2).$$

(2) 运动方程

$$x = A\cos(\omega t + \varphi) = 15\cos(8\pi t + \varphi),$$

由 $x = 9$ cm,可得

$$\cos(\omega t + \varphi) = \frac{3}{5}, \quad \sin(\omega t + \varphi) = \pm\frac{4}{5},$$

位移为 $x = 9$ cm 时的速度,

$$v = -\omega A \sin(\omega t + \varphi) = -8\pi \times 15\sin(\omega t + \varphi) = \pm 96\pi (\text{cm/s}),$$
$$a = -\omega^2 A \cos(\omega t + \varphi) = -8\pi \times 8\pi \times 15\cos(\omega t + \varphi) = -576\pi^2 (\text{cm/s}^2).$$

(3) 因为对应的旋转矢量做匀速转动,所以得

$$\frac{t}{T} = \frac{\arccos\left(\frac{3}{5}\right)}{2\pi},$$

即

$$t = \frac{\arccos\left(\frac{3}{5}\right)}{2\pi} T = \frac{\arccos\left(\frac{3}{5}\right)}{2\pi} \cdot \frac{1}{f} \approx \frac{\frac{53.13°}{180°} \cdot \pi}{2\pi} \times \frac{1}{4}$$
$$\approx 0.037(\text{s}).$$

10-6 两个质点在 Oy 方向上做简谐振动,两质点相对各自的平衡位置的位移 y 分别为

$$y_1 = A_1 \sin(\omega t + \varphi), \quad y_2 = A_2 \cos(\omega t + \varphi).$$

求这两个振动之间的相位差.

解: 因为

$$y_1 = A_1 \sin(\omega t + \varphi) = A_1 \cos\left(\omega t + \varphi - \frac{\pi}{2}\right),$$

$$y_2 = A \cos(\omega t + \varphi),$$

所以,两简谐振动的相位差为

$$\Delta\varphi = (\omega t + \varphi) - \left(\omega t + \varphi - \frac{\pi}{2}\right) = \frac{\pi}{2}.$$

10-7 质量为 0.4 kg 的物体系于一劲度系数为 0.125 kg·cm^{-1} 的弹簧的一端,水平放置在光滑的平面上.弹簧的另一端系于墙面.求下述两种情况下的运动方程、频率与周期:(1)当把物体从平衡位置向右拉开 10 cm 后立即放开;(2)使物体在距平衡位置 10 cm 处,并以 2.4 m·s^{-1} 的速度向左运动.

解: 依题意,弹簧的劲度系数应改为

$$k = 1.25(\text{N/m}),$$

则系统圆频率为

$$\omega = \sqrt{\frac{k}{m}} = \sqrt{\frac{1.25}{0.4}} \approx 1.77 (\text{rad/s}).$$

(1) 由 $t = 0$ 时，$x_0 = A = 10$ cm，$v_0 = 0$，可得 $\varphi = 0$.
根据运动方程

$$x = A\cos(\omega t + \varphi),$$

得

$$x = A\cos(\omega t) = 10\cos(1.77t)(\text{cm}).$$

振动周期为

$$T = \frac{2\pi}{\omega} = \frac{2 \times 3.14}{1.77} \approx 3.55(\text{s}),$$

振动频率为

$$f = \frac{1}{T} = \frac{1}{3.55} \approx 0.28(\text{Hz}).$$

(2) 当 $t = 0$ 时，由

$$A = \sqrt{x_0^2 + \left(-\frac{v_0}{\omega}\right)^2},$$

得

$$A = \sqrt{0.1^2 + \left(-\frac{2.4}{1.77}\right)^2} \approx 1.36(\text{m}),$$

$$\varphi = \arctan\left(-\frac{v_0}{\omega x_0}\right) = \arctan\left(-\frac{2.4}{1.77 \times 0.1}\right) = 0.48\pi(\text{rad}).$$

其振动方程为

$$x = 136\cos(1.77t + 0.48\pi)(\text{cm}).$$

振动周期和频率由劲度系数和物体质量决定. 所以，周期仍为

$$T = \frac{2\pi}{\omega} = 3.55(\text{s}),$$

频率仍为

$$f = \frac{1}{T} = 0.28(\text{Hz}).$$

10-8 一轻弹簧受 29.4 N 的作用力时，伸长 9.8 cm. 今在此弹簧下端悬挂一质量为 3.0 kg 的重物，(1)求振动的周期；(2)使重物从平衡位置下拉 6.0 cm，然后放开任其自由振动，求振动的振幅、初相位、振动方程及振动能量.

解：由胡克定律 $f = kx$，

得

$$k = \frac{f}{x} = \frac{29.4}{9.8 \times 10^{-2}} = 300(\text{N/m}),$$

从而

$$\omega = \sqrt{\frac{k}{m}} = \sqrt{\frac{300}{3}} = 10(\text{rad/s}).$$

(1) $T = \dfrac{2\pi}{\omega} = \dfrac{2\pi}{10} = 0.2\pi(\text{s}).$

(2) 依据题意得

$$\varphi = 0, A = 6.0(\text{cm}),$$

振动方程为

$$y = 6.0\cos(10t)(\text{cm}).$$

振动能量

$$E_k = \frac{1}{2}kA^2 = \frac{1}{2} \times 300 \times 0.06 \times 0.06 = 0.54(\text{J})$$

10-9 一横波在张紧的弦上传播，其波动方程为 $y = 0.40\cos\pi(2.0x - 400t)$ m，求：(1) 振幅、波长、频率、周期和波速；(2) 相距波源 2.0 m 处的质点振动方程；(3) 当 $t = 5.0$ s 时，位移 y 与距离 x 的关系.

解：依题意，将波动方程改写为以下表达式

$$y = 0.4\cos\pi(2x - 400t) = 0.4\cos 400\pi\left(t - \frac{x}{200}\right),$$

标准波动方程为

$$y = A\cos\left[\omega\left(t - \frac{x}{c}\right) + \varphi\right],$$

比较以上两式得

(1) 振幅 $A = 0.4$ m，波速 $c = 200$ m/s，周期 $T = \dfrac{2\pi}{\omega} = \dfrac{2\pi}{400\pi} = 0.005(\text{s}),$

频率 $f = \dfrac{1}{T} = \dfrac{1}{0.005} = 200 \text{ Hz}$,波长为 $\lambda = cT = 200 \times 0.005 = 1\text{(m)}$.

(2) 当 $x = 2$ m 时,

振动方程为 $\quad y = 0.4\cos(400\pi t - 4\pi) = 0.4\cos(400\pi t)\text{(m)}$.

(3) 当 $t = 5$ s 时,

波形方程为 $\quad y = 0.4\cos(400\pi \times 5 - 2\pi x) = 0.4\cos(2\pi x)\text{(m)}$.

10-10 已知简谐波沿 x 轴正向传播,而且周期 $T = 0.5$ s,波长 $\lambda = 1.0$ m,振幅 $A = 0.10$ m,试写出波动方程,并求距离波源 $\lambda/2$ 处质点的振动方程.

解: 依题意,圆频率为

$$\omega = \frac{2\pi}{T} = \frac{2\pi}{0.5} = 4\pi\text{(rad/s)},$$

波速

$$c = \frac{\lambda}{T} = \frac{1}{0.5} = 2\text{(m/s)},$$

设波源的初相位 $\varphi = 0$,则波动方程为

$$y = 0.1\cos\left[4\pi\left(t - \frac{x}{2}\right)\right]\text{(m)}.$$

(2) 当 $x = \dfrac{\lambda}{2} = 0.50$ m 时,

振动方程为

$$y = 0.1\cos\left[4\pi\left(t - \frac{0.5}{2}\right)\right] = -0.1\cos(4\pi t)\text{(m)}.$$

10-11 已知波源的振动周期 $T = 0.5$ s,产生的平面简谐波的波长为 10 m,振幅为 10 cm. 在 $t = 0$ 时,波源处的位移为 10 cm. 求:(1) 距波源为 $\lambda/2$ 处的振动方程;(2) 当 $t = T/4$ 时,与波源的距离为 $3\lambda/4$ 点的位移.

解: 圆频率为

$$\omega = \frac{2\pi}{T} = \frac{2\pi}{0.5} = 4\pi\text{(rad/s)},$$

波速

$$c = \frac{\lambda}{T} = \frac{10}{0.5} = 20\text{(m/s)},$$

由 $t = 0$ s 时,波源位移为 $y = 0.1$ m 可得波源作简谐振动的初相位为,

$$\varphi_0 = 0.$$

波动方程为

$$y = 0.1\cos\left[4\pi\left(t - \frac{x}{20}\right)\right](\text{m}).$$

(1) 当 $x = \dfrac{\lambda}{2} = \dfrac{10}{2} = 5 \text{ m}$ 时,

$$y = 0.1\cos\left[4\pi\left(t - \frac{5}{20}\right)\right] = -0.1\cos(4\pi t)(\text{m}).$$

(2) 当 $t = \dfrac{T}{4} = \dfrac{0.5}{4} = \dfrac{1}{8}$ s 时,

$$y = 0.1\cos\left[4\pi\left(\frac{1}{8} - \frac{30}{20\times 4}\right)\right] = -0.1(\text{m}).$$

10-12 一列波,频率为 300 Hz,波速为 300 m·s^{-1},在直径 0.140 m 的圆柱形管内的空气中传播,波的能流密度为 1.80×10^{-2} J·m^{-2}·s^{-1}. 问:(1) 波的平均能量密度和最大能量密度分别是多少?(2) 相位差为 2π 的相邻两个截面间的能量为多少?

解: 波的平均能量密度为

$$\overline{w} = \frac{1}{T}\int_0^T \rho A^2\omega^2\sin^2\omega\left(t - \frac{x}{c}\right)\mathrm{d}t = \frac{1}{2}\rho A^2\omega^2 (\text{J/m}^3).$$

平均能流密度(波的强度)

$$I = \overline{w}c.$$

最大能量为

$$w_{\max} = \rho A^2 \omega^2.$$

根据题意得波的平均能量密度为,

$$\overline{w} = \frac{I}{c} = \frac{1.8\times 10^{-2}}{300} = 6\times 10^{-5} (\text{J/m}^3).$$

最大能量密度为

$$w_{\max} = 2\overline{w} = 1.2\times 10^{-4} (\text{J/m}^3).$$

(2) 相位差为 2π(相距一个波长)的相邻两个截面间的能量为

$$E = \int_0^v w(x,t)\mathrm{d}v = \int_0^\lambda w(x,t) \cdot 1 \cdot \mathrm{d}x$$
$$= \int_0^\lambda \rho A^2 \omega^2 \sin^2 \omega\left(t - \frac{x}{v}\right)\mathrm{d}x = \frac{1}{2}\rho A^2 \omega^2 \lambda$$
$$= 6.0 \times 10^{-5}(\mathrm{J}).$$

10-13 初相位相同的两个相干波源 A、B,相距 $3\lambda/2$,C 为 AB 连线延长线上的一点.求:(1)自 A 发出的波与自 B 发出的波在 C 点的振动相位差;(2)C 点合振幅.

解:(1) 依题意,两相干波在相遇处 C 点的相位差为

$$\Delta\varphi = \frac{2\pi}{\lambda}\Delta x = \frac{2\pi}{\lambda} \cdot \frac{3\lambda}{2} = 3\pi,$$

(2) C 点振幅为

$$A_C = \sqrt{A_1^2 + A_2^2 + 2A_1A_2\cos(3\pi)} = |A_1 - A_2|.$$

10-14 A、B 为振幅相等、频率都是 $100\ \mathrm{Hz}$ 两个相干波源,相位差为 π.若 A、B 相距 $30\ \mathrm{m}$,波在媒质中的传播速度为 $400\ \mathrm{m/s}$,求 AB 连线及其延长线上因干涉而静止的点的位置.

解: 相干波波长,$\lambda = \dfrac{c}{f} = \dfrac{400}{100} = 4\ \mathrm{m}$,

在 C 点,两列波相位差为

$$\Delta\varphi = \left(\varphi_A - \frac{2\pi}{\lambda}x\right) - \left[\varphi_B - \frac{2\pi}{\lambda}(30-x)\right] = (\varphi_A - \varphi_B) - \frac{2\pi}{\lambda}x + \frac{2\pi}{\lambda}(30-x)$$
$$= \pi + \frac{2\pi}{\lambda}(30 - 2x) = \pi + \frac{2\pi}{4}(30 - 2x) = 16\pi - \pi x,$$

要求 C 点静止,即 $\Delta\varphi = 16\pi - \pi x = \pm(2n+1)\pi$,则有

$$x = 16 \pm (2n+1), (n = 1, 2, \cdots)$$

x 的取值范围为

$$0 \leqslant x \leqslant 30,$$

则 $x = 1, 3, 5, 7, 9, 11, 13, 15, 17, 19, 21, 23, 25, 27, 29$,一共 15 个点.

若 C 点在 AB 延长线上,则相位差为

$$\Delta\varphi = \left(\varphi_A - \frac{2\pi}{\lambda}x\right) - \left[\varphi_B - \frac{2\pi}{\lambda}(30+x)\right] = (\varphi_A - \varphi_B) - \frac{2\pi}{\lambda}x + \frac{2\pi}{\lambda}(30+x)$$
$$= \pi + \frac{2\pi}{\lambda} \times 30 = \pi + \frac{2\pi}{4} \times 30 = 16\pi,$$

即延长线上,两列波相位差为零,干涉加强,无静止的点,各点振动振幅均最大.

10-15 频率为 400 kHz 的超声波,在水中传播的速度为 1.50×10^3 m/s,已知质点振动的振幅为 1.50×10^{-5} m,求超声波的强度和质点振动的最大速度以及最大加速度.

解:依题意,根据机械波的强度公式求得声强为

$$I = \frac{1}{2}\rho A^2 \omega^2 c$$

$$= \frac{1}{2} \times 1.0 \times 10^3 \times (1.5 \times 10^{-5})^2$$

$$\times (2\pi \times 400 \times 10^3)^2 \times 1.5 \times 10^3$$

$$= 1.066 \times 10^9 (\text{J} \cdot \text{m}^{-2} \cdot \text{s}^{-1}).$$

质点振动的最大速度为

$$v_{\max} = \omega A = 2\pi f A = 2\pi \times 400 \times 10^3 \times 1.5 \times 10^{-5} = 37.7 (\text{m/s}).$$

最大加速度为

$$a_{\max} = \omega^2 A = (2\pi f)^2 A$$

$$= (2\pi \times 400 \times 10^3)^2 \times 1.5 \times 10^{-5}$$

$$= 9.47 \times 10^7 (\text{m/s}^2).$$

10-16 20 ℃时空气和肌肉的声阻抗分别为 4.28×10^2 kg·m^{-2}·s^{-1} 和 1.63×10^6 kg·m^{-2}·s^{-1}.试计算声波由空气垂直入射于肌肉时的反射系数和透射系数.

解:波的反射系数为

$$R = \left(\frac{Z_2 - Z_1}{Z_2 + Z_1}\right)^2 = \left(\frac{1.63 \times 10^6 - 4.28 \times 10^2}{1.63 \times 10^6 + 4.28 \times 10^2}\right)^2 = 0.999,$$

透射系数为

$$T = 1 - R = 0.001.$$

11 波动光学

本章提要

1. 基本概念

(1) **光的干涉**：它是指频率相同、振动方向相同、初相位相同或相位差保持恒定的两光源发出的两束光在相遇的区域内其总光强发生周期性稳定分布的现象.

(2) **半波损失**：它是指光从光疏媒质射向光密媒质，其反射光发生了 π 的相位突变的现象称为**半波损失**.

(3) **光程**：它是指光在媒质里的传播的几何路程 r 与媒质的折射率 n 的乘积（即 nr）称为**光程**. 两束光波的光程之差称为**光程差**，一般用 δ 表示.

(4) 光的干涉极大（明纹）和干涉极小（暗纹）的条件

$$\delta = \begin{cases} \pm k\lambda & (k=0,1,2,\cdots) \quad \text{明纹} \\ \pm(2k-1)\dfrac{\lambda}{2} & (k=1,2,3,\cdots) \quad \text{暗纹} \end{cases}$$

(5) **惠更斯—菲涅尔原理**：波前上任一点都可以看作独立的新光源，波前上各点发出的子波在传播的空间可以相互叠加，叠加的光强取决于各子波的振幅及相互间的相位差.

(6) **偏振光**：光振动只有一个固定的方向，这种光称为**偏振光**. 自然光经过起偏器后成为偏振光，光强减半.

2. 基本公式

(1) 杨氏双缝干涉实验

① 明纹位置： $\quad x = \pm k\lambda \dfrac{D}{d} \quad (k=0,1,2,\cdots)$

② 暗纹位置： $\quad x = \pm(2k-1)\dfrac{\lambda}{2}\dfrac{D}{d} \quad (k=1,2,3,\cdots)$

③ 两相邻明纹或两相邻暗纹之间的距离： $\quad \Delta x = \lambda \dfrac{D}{d}$

④ 薄膜干涉总光程差 $\quad \delta = 2d\sqrt{n_2^2 - n_1^2 \sin^2 i} - \Delta.$

当无半波损失时，$\Delta = 0$；

当有半波损失时，$\Delta = \dfrac{\lambda}{2}$.

(2) 夫琅和费单缝衍射条件

① 暗纹条件： $a\sin\phi = \pm 2k\dfrac{\lambda}{2}$ $(k = 1, 2, 3, \cdots)$

② 明纹条件： $a\sin\phi = \pm(2k+1)\dfrac{\lambda}{2}$ $(k = 1, 2, 3, \cdots)$

③ 中央明纹宽度： $\Delta x_0 = 2\dfrac{\lambda}{a}f$

④ 其他明纹宽度： $\Delta x = \dfrac{\lambda}{a}f$

(3) 光栅衍射条件

① 光栅公式： $(a+b)\sin\varphi = \pm k\lambda$ $(k = 0, 1, 2, 3, \cdots)$ 明纹条件

② 缺级条件： 若光栅常数$(a+b)$是缝宽a的整数倍时，则会产生缺级现象.

$$k = \dfrac{a+b}{a}k' \quad (k' = 1, 2, 3, \cdots)$$

(4) 马吕斯定律： $I = I_0 \cos^2\theta$

(5) 光的吸收

① 朗伯-比尔定律： $I = I_0 e^{-\chi l}$

② 光电比色计： $c_x = \dfrac{A_x}{A_0}c_0$

习题精解

11-1 汞弧灯发出的光通过一绿色滤光片后照射到两相距 0.60 mm 的狭缝上，在 2.5 m 远处的屏幕上出现干涉条纹. 测得相邻两明条纹中心的距离为 2.27 mm，试求入射光的波长.

解：由杨氏双缝干涉实验的条纹宽度的公式

$$\Delta x = \dfrac{D}{d}\lambda,$$

得

$$\lambda = \dfrac{d}{D}\Delta x = \dfrac{0.6 \times 10^{-3}}{2.5} \times 2.27 \times 10^{-3}$$
$$= 544.8 \times 10^{-9} \text{(m)}.$$

11-2 用一块薄云母片盖住双缝中的一条狭缝,结果屏上第七级明纹恰好位于原中央明纹处,已知云母的折射率是 1.58,入射光波长是 550 nm,求云母片的厚度.

解：加入云母片后,干涉屏上任一点 P 到两缝 S_1, S_2 的光程分别为

S_1-P 的光程：$L_1 = nd + (r_1 - d) = r_1 + (n-1)d$,

S_2-P 的光程：$L_2 = r_2$.

两光路的光程差为

$$\Delta L = L_2 - L_1 = (r_2 - r_1) - (n-1)d.$$

根据干涉极大(亮纹)条件

$$\Delta L = \pm k\lambda,$$

得

$$(r_2 - r_1) - (n-1)d = \pm k\lambda, \quad (k = 0, 1, 2, \cdots).$$

第七级极大对应于 $k = 7$,即有关系式

$$(r_2 - r_1) - (n-1)d = 7\lambda.$$

根据题意,第七级亮纹位于屏幕中央,于是有

$$r_2 - r_1 = 0,$$

因此

$$d = \frac{7\lambda}{n-1} = \frac{7 \times 550 \times 10^{-9}}{1.58-1} = 6.6379(\mu m).$$

11-3 一束平行白光垂直照射在厚度均匀的、折射率为 1.30 的油膜上,油膜覆盖在折射率为 1.50 的玻璃上. 正面观察时,发现 500 nm 和 700 nm 的色光在反射中消失,试求油膜的厚度.

解：依题分析,光波在空气和油膜分界面的反射光,以及油膜与玻璃分界面的反射光相对于入射光束 1 都有半波损失,因此,光束 2 与光束 3 之间无半波损失. 此油膜干涉的光程差在垂直入射时为

$$\delta = 2n_1 l,$$

相消干涉的条件为

$$\delta = (2k-1)\frac{\lambda}{2}, \quad (k = 1, 2, \cdots)$$

对波长

$$\lambda_1 = 500(\text{nm}),$$

有

$$\delta = 2n_1 l = (2k_1 - 1)\frac{\lambda_1}{2},$$

对波长

$$\lambda_2 = 700(\text{nm}),$$

有

$$\delta = 2n_1 l = (2k_2 - 1)\frac{\lambda_2}{2},$$

根据题意

$$(2k_1 - 1)\frac{\lambda_1}{2} = (2k_2 - 1)\frac{\lambda_2}{2},$$

得

$$\frac{2k_2 - 1}{2k_1 - 1} = \frac{\lambda_1}{\lambda_2} = \frac{500}{700},$$

得

$$5k_1 = 7k_2 - 1,$$

k_1、k_2 最小取值为

$$k_1 = 4, \quad k_2 = 3.$$

从而油膜厚度

$$l = \frac{1}{2n_1}(2k_1 - 1)\frac{\lambda_1}{2} = [2 \times 4 - 1] \times \frac{500}{4 \times 1.3}$$
$$= 673.08(\text{nm}),$$

因此油膜可能的最薄厚度为

$$l = 673.08(\text{nm}).$$

11-4 一单色平行光束垂直照射在宽为 1.0 mm 的单缝上，在缝后放一焦距为 2.0 m

的会聚透镜.已知位于透镜焦平面处屏幕上的中央明条纹宽度为 2.5 mm,求入射光波长.

解:由单缝衍射公式可得,中央明纹宽度为

$$\Delta x = 2\frac{\lambda}{a}f,$$

由此得

$$\lambda = \frac{a}{2f}\Delta x = \frac{1.0\times 10^{-3}}{2\times 2.0}\times 2.5\times 10^{-3} = 625(\text{nm}).$$

11-5 用波长为 546 nm 的平行光照射宽度为 0.100 mm 的单缝,在缝后放一焦距 $f = 50.0$ cm 的凸透镜,在透镜的焦平面处放一屏,观察衍射条纹.求中央明纹的宽度、其他各级明纹的宽度以及第三级暗纹到中央明纹中心的距离.

解:(1) 中央明纹宽度为

$$\Delta x_0 = 2\frac{\lambda}{a}f = 2\times \frac{546\times 10^{-9}}{1.0\times 10^{-4}}\times 0.5 = 5.46(\text{mm}).$$

(2) 其他各级明纹宽度为

$$\Delta x = \frac{\Delta x_0}{2} = 2.73 \text{ mm}.$$

(3) 第三级暗纹与中心的距离为

$$x_3 = k\frac{\lambda}{a}f = 3\times \frac{546\times 10^{-9}}{1.0\times 10^{-4}}\times 0.5 = 8.19(\text{mm}).$$

11-6 用一束平行白光垂直照射宽度为 0.100 mm 的单缝,缝后透镜的焦距为 50.0 cm.求屏上第一级光谱中红光(760 nm)和紫光(400 nm)的位置及其间的距离.

解:依据单缝衍射的亮条纹位置公式

$$x_k = (2k+1)\frac{f}{a}\frac{\lambda}{2}.$$

对于红光,第一级明纹位置为

$$x_{\text{red}} = \frac{3}{2}\times\frac{\lambda}{a}f = \frac{3}{2}\times\frac{760\times 10^{-9}}{1.0\times 10^{-4}}\times 0.5 = 5.7(\text{mm}).$$

对于紫光,第一级明纹位置为

$$x_{\text{purple}} = \frac{3}{2}\times\frac{\lambda}{a}f = \frac{3}{2}\times\frac{400\times 10^{-9}}{1.0\times 10^{-4}}\times 0.5 = 3.0(\text{mm}).$$

红光与紫光的间距为

$$\Delta x = 5.7 - 3.0 = 2.7 (\text{mm}).$$

11-7 用单色平行光垂直照射每毫米有 1000 条刻痕的光栅,发现第一级明纹在 27.0° 的方向上. 求单色光的波长.

解:依题意,光栅常数为

$$d = \frac{1 \times 10^{-3}}{1\ 000} = 1 \times 10^{-6} (\text{m}),$$

由光栅公式

$$d \sin \phi = \pm k\lambda \quad (k = 0, 1, 2, \cdots),$$

得($k = 1$ 时)

$$\lambda = d \sin \phi = 10^{-6} \times \sin 27° = 454.0 (\text{nm}).$$

11-8 为了测定光栅常数,用波长为 632.8 nm 的红光垂直照射光栅. 已知第一级明纹在 38.0°方向上,求光栅常数. 该光栅每毫米有多少条刻痕? 能否观察到第二级明纹.

解:由光栅公式得到光栅常数为

$$d = \frac{\lambda}{\sin \phi} = \frac{632.8 \times 10^{-9}}{\sin 38°} = 1.03 \times 10^{-6} (\text{m}),$$

每毫米刻痕数为

$$n = \frac{1 \times 10^{-3}}{1.03 \times 10^{-6}} \approx 970 (\text{条}),$$

最大条纹衍射级为

$$k = \frac{d}{\lambda} = \frac{1.03 \times 10^{-6}}{632.8 \times 10^{-9}} \approx 1.6 < 2,$$

故不能观测到第二级明纹.

11-9 用波长为 600 nm 的光垂直照射到一光栅上,其第二级谱线的衍射角是 30°. 求:(1)光栅常数;(2)若第三级为第一缺级,则光栅狭缝宽度为多少?

解:(1) 根据光栅公式

$$d \sin \phi = k\lambda,$$

得

$$d = \frac{k\lambda}{\sin \phi}.$$

光栅常数为

$$d = \frac{2\lambda}{\sin\phi} = \frac{2 \times 600 \times 10^{-9}}{\sin 30°} = 2.4 \times 10^{-6} (\text{m}).$$

(2) 由缺级条件

$$k = \frac{d}{a} k',$$

可得光栅狭缝宽度

$$a = \frac{d}{k} = \frac{2.4 \times 10^{-6}}{3} = 0.8(\mu\text{m}).$$

11-10 强度为 I_0 的偏振光垂直入射偏振片,要求透射光的强度为 $\frac{2}{5} I_0$,求偏振片的偏振化方向与入射偏振光的振动面之间的夹角. 设偏振片对平行于偏振化方向的偏振光吸收率为 20%.

解: 由马吕斯定律可得

$$I_{\text{out}} = I_0 \cos^2\theta,$$

依题意得

$$\frac{2}{5} I_0 = I_0 \cos^2\theta \times (1 - 20\%),$$

得

$$\theta = 45°, 135°.$$

11-11 使自然光通过两个相交成 $60°$ 的偏振片,求透射光与入射光强度之比? 若考虑每个偏振片能使光的强度减弱 10%,求透射光强度与入射光强度之比.

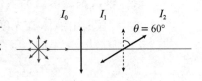

解: (1) 依题意得

$$I_1 = \frac{I_0}{2}, \quad I_2 = I_1 \cos^2 60° = \frac{I_0}{8},$$

又得

$$\frac{I_2}{I_0} = \frac{1}{8}.$$

(2) $I_1 = \frac{I_0}{2} \times 90\%, \quad I_2 = I_1 \cos^2 60° \times 90\% = \frac{I_0}{8} \times 0.81,$

得

$$\frac{I_2}{I_0} = \frac{81}{800}.$$

11-12 使自然光通过两偏振化方向相交成 $60°$ 的偏振片,透射光强度为 I_1,求自然光的强度？现在这两个偏振片之间再插入另一个偏振片,它的方向与前两个偏振片均成 $30°$ 角,则透射光强度为多少？

解：(1) 依题意,根据马吕斯定律

$$I_{偏出} = I_{偏入} \cos^2\theta$$

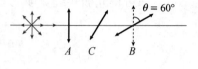

得 $I_B = I_A \cos^2 60° = \dfrac{I_0}{2} \cos^2 60° = \dfrac{I_0}{8}$,

已知 $I_B = I_1$,

可得

$$I_0 = 8I_1.$$

(2) 同理,偏振光经过每一个偏振片后,其两侧光强均满足马吕斯定律,所以

$$I_B = I_C \cos^2 30° = I_A \cos^2 30° \times \cos^2 30°$$

$$= \frac{I_0}{2} \times \cos^2 30° \times \cos^2 30° = \frac{9 I_0}{32} = \frac{9}{4} I_1.$$

11-13 纯蔗糖的比旋率为 $65.9°\ \mathrm{cm^3/(g \cdot dm)}$,现用含有杂质的蔗糖配制浓度约为 $0.20\ \mathrm{g/cm^3}$ 的溶液,用 $20.0\ \mathrm{cm}$ 测定管测得旋光度为 $23.75°$。假设杂质无旋光性,求该蔗糖溶液的实际浓度。

解：由液体旋光度公式

$$\varphi = [\alpha]_D^T c d$$

可得,

$$c = \frac{\varphi}{[\alpha]_D^T d} = \frac{23.75°}{65.9 \times 2} \approx 0.18\ (\mathrm{g/cm^3}).$$

12 量子力学基础

本章提要

1. 基本概念

(1) 量子力学的实验基础

黑体辐射、光电效应、氢原子线状光谱等.

(2) 爱因斯坦的光量子论

光是一束以光速运动的光子(或光量子)流,每个光子的能量为 $h\nu$.

(3) 微观粒子的波粒二象性

德布罗意关系

$$E = h\nu,$$
$$p = \frac{h}{\lambda}.$$

(4) 不确定关系

$$\Delta x \Delta p_x \geqslant h, \quad \Delta y \Delta p_y \geqslant h, \quad \Delta z \Delta p_z \geqslant h, \quad \Delta E \Delta t \geqslant h.$$

不确定关系表明微观粒子不像经典粒子那样,遵从确定的规律,对于微观粒子的坐标和动量不可能同时被无限精确地测量,所以宏观的轨道概念不适用于微观粒子的运动规律.

(5) 波函数:它描述微观粒子的运动状态.微观粒子在 t 时刻、在空间坐标(x, y, z)处出现的概率密度为

$$W = \frac{\mathrm{d}P}{\mathrm{d}V} = |\Psi|^2 = \Psi^* \Psi,$$

即波函数的模的平方与粒子的概率密度成正比.因此,微观粒子的运动表现出波的特性,称为物质波,是一种统计行为.物质波是一种概率波,它并不准确地给出什么时刻粒子到达哪一位置,而只给出粒子可能到达各点的一个统计分布规律.

波函数必须满足归一化条件和标准化条件.

(6) 激光产生的条件:① 粒子数反转.② 光学谐振腔.

2. 基本定理及公式

(1) 薛定谔方程

薛定谔方程的一般形式为

$$i\hbar \frac{\partial \Psi}{\partial t} = -\frac{\hbar^2}{2m}\nabla^2 \Psi + E_p(\boldsymbol{r},t)\Psi,$$

定态薛定谔方程为

$$-\frac{\hbar^2}{2m}\nabla^2 \phi + E_p(\boldsymbol{r})\phi = E\phi,$$

定态波函数表示为

$$\Psi(x,y,z,t) = \phi(x,y,z)\mathrm{e}^{-\frac{\mathrm{i}}{\hbar}Et}.$$

(2) 原子光谱和分子光谱　原子光谱呈现线状光谱,分子光谱呈现带状光谱.
分子的能量可表示为：$E = E_e + E_v + E_r$.

习题精解

12-1 请判断下列各题：

(1) 光电效应包含电子与光子的相互作用过程,判别下面的说法是否正确：

① 光电效应属于光子与电子的弹性碰撞的过程.

② 光电效应是电子吸收光子能量而产生.

③ 光电效应满足动量守恒和能量守恒.

④ 光电效应光子能量全部转换为电子的能量而产生.

(2) 判别下列说法是否正确：

① 如用一束光照射某金属不会产生光电效应,现用一聚光镜将此束光聚集在一起,再照射此金属时就会产生光电效应.

② 可见光的光子与散射物质的自由电子发生弹性碰撞,也能发生康普顿效应,只是波长太长而极难观察到.

③ 对同一金属,如有光电效应产生,则入射光的频率越大,光电子的逸出数目就愈多.

④ 在伦琴射线的散射实验中,如果在散射角为 φ 的方向上观测散射光的波长改变量,当入射光的频率增大时,其波长改变量也随着增大.

答：(1) ① 错误,② 正确,③ 错误,④ 正确.

(2) ① 错误,② 正确,③ 错误,④ 错误.

12-2 已知铂的电子逸出功是 6.630 eV，求使它产生光电效应的光的最大波长．

解：红限频率 $\nu_0 = \dfrac{A}{h}$，

得

$$\lambda = \frac{c}{\nu_0} = \frac{hc}{A} = \frac{6.626 \times 10^{-34} \times 3 \times 10^8}{6.63 \times 1.6 \times 10^{-19}} \approx 187.4 \text{(nm)}.$$

12-3 当波长为 100 nm 的紫外线，照射到逸出功为 2.50 eV 的金属钡的表面时，为使发射的光电子在半径为 2.00 cm 的圆轨道上运动，试求垂直于光电子运动的轨道平面方向上的匀强磁场的磁感应强度？

解：根据光电方程

$$\frac{1}{2}mv^2 = h\nu - A,$$

电子的速度为

得，$v = \sqrt{\dfrac{2}{m}(h\nu - A)}$

$$= \sqrt{\frac{2}{9.1 \times 10^{-31}}\left(6.626 \times 10^{-34} \times \frac{3 \times 10^8}{100 \times 10^{-9}} - 2.5 \times 1.6 \times 10^{-19}\right)}$$

$$= 1.868 \times 10^6 \text{(m/s)},$$

依题意，洛伦兹力提供了电子匀速圆周运动的向心力，

$$evB = \frac{mv^2}{R},$$

可得

$$B = \frac{mv}{eR} = \frac{9.1 \times 10^{-31} \times 1.868 \times 10^6}{1.6 \times 10^{-19} \times 2 \times 10^{-2}} = 5.31 \times 10^{-4} \text{(T)}.$$

12-4 试求波长分别为 600 nm 可见光、0.30 nm 的伦琴射线和 0.001 5 nm 的 γ 射线三种光子的质量、动量和能量．

解：由光子能量公式

$$E = h\nu,$$

和质能方程

$$E = mc^2,$$

可得，

$$m = \frac{h\nu}{c^2} = \frac{h}{c\lambda}.$$

对于 600 nm 可见光,

质量 $\quad m = \frac{h}{c\lambda} = \frac{6.626 \times 10^{-34}}{3 \times 10^8 \times 600 \times 10^{-9}} = 3.68 \times 10^{-36}$ (kg),

动量 $\quad p = mc = \frac{h}{\lambda} = \frac{6.626 \times 10^{-34}}{600 \times 10^{-9}} \approx 1.104 \times 10^{-27}$ (kg·m·s^{-1}),

能量 $\quad E = h\nu = \frac{hc}{\lambda} = \frac{6.626 \times 10^{-34} \times 3.0 \times 10^8}{600 \times 10^{-9}}$

$\qquad\qquad \approx 3.312 \times 10^{-19}$ (J) $= 2.07$ eV.

对于 0.3 nm 伦琴射线,

质量 $\quad m = \frac{h}{c\lambda} = \frac{6.626 \times 10^{-34}}{3 \times 10^8 \times 0.3 \times 10^{-9}} = 7.36 \times 10^{-33}$ (kg),

动量 $\quad p = mc = \frac{h}{\lambda} = \frac{6.626 \times 10^{-34}}{0.3 \times 10^{-9}} = 2.209 \times 10^{-24}$ (kg·m·s^{-1}),

能量 $\quad E = h\nu = \frac{hc}{\lambda} = \frac{6.626 \times 10^{-34} \times 3.0 \times 10^8}{0.3 \times 10^{-9}}$

$\qquad\qquad = 6.626 \times 10^{-16}$ (J) $= 4.141 \times 10^3$ (eV).

对于 0.001 5 nm γ 射线,

质量 $\quad m = \frac{h}{c\lambda} = \frac{6.626 \times 10^{-34}}{3 \times 10^8 \times 0.001\,5 \times 10^{-9}} = 1.472 \times 10^{-30}$ (kg),

动量 $\quad p = mc = \frac{h}{\lambda} = \frac{6.626 \times 10^{-34}}{0.001\,5 \times 10^{-9}} = 4.417 \times 10^{-22}$ (kg·m·s^{-1}),

能量 $\quad E = h\nu = \frac{hc}{\lambda} = \frac{6.626 \times 10^{-34} \times 3.0 \times 10^8}{0.001\,5 \times 10^{-9}} = 1.325 \times 10^{-13}$ (J)

$\qquad\qquad = 0.828\,2 \times 10^6$ (eV) $= 0.828\,2$ (MeV).

12-5 求动能为 50 eV 的电子的德布罗意波长.

解:电子运动能量较低,忽略相对论效应,可得

$$E = \frac{1}{2}mv^2 = \frac{p^2}{2m},$$

$$\lambda = \frac{h}{p} = \frac{h}{\sqrt{2mE}} = \frac{6.626 \times 10^{-34}}{\sqrt{2 \times 9.1 \times 10^{-31} \times 50 \times 1.6 \times 10^{-19}}} = 0.174 \text{(nm)}.$$

12-6 经 206 V 的电压加速后,一个带有与电子相同电荷的粒子的德布罗意波长为

2.00×10^{-12} m,求这个粒子的质量.

解：由德布罗意关系

$$\lambda = \frac{h}{p},$$

和动能

$$E = \frac{p^2}{2m},$$

得

$$\lambda = \frac{h}{\sqrt{2mE}}.$$

依题意得

$$E = eU = 206(\text{eV}),$$

因此，

$$m = \frac{h^2}{2\lambda^2 eU} = \frac{6.626 \times 10^{-34} \times 6.626 \times 10^{-34}}{2 \times 2 \times 10^{-12} \times 2 \times 10^{-12} \times 1.6 \times 10^{-19} \times 206}$$
$$= 1.665 \times 10^{-27} (\text{kg}).$$

12-7 一质量为 6.63 g 的子弹以 1 000 m/s 的速率飞行，(1) 求它的德布罗意波长；(2) 若测量子弹位置的不确定量为 0.1 cm，则其速率的不确定量是多少？

解：(1) 由 $\lambda = \frac{h}{p}$，可得

$$\lambda = \frac{h}{p} = \frac{h}{mv} = \frac{6.626 \times 10^{-34}}{6.63 \times 10^{-3} \times 1\,000} = 9.99 \times 10^{-35} (\text{m}).$$

(2) 由测不准关系

$$\Delta x \Delta p = h$$

和动量 $p = mv$ 得

$$\Delta v = \frac{h}{m \Delta x} = \frac{6.626 \times 10^{-34}}{6.63 \times 10^{-3} \times 0.1 \times 10^{-2}} = 9.99 \times 10^{-29} (\text{m/s}).$$

12-8 测得一个电子的速率为 200 m/s，相对误差为 0.10%，问此电子位置的不确定量是多少？

解：由测不准关系

$$\Delta x \Delta p = h$$

得

$$\Delta x = \frac{h}{\Delta p} = \frac{h}{m\Delta v} = \frac{6.626 \times 10^{-34}}{9.1 \times 10^{-31} \times 200 \times 0.1 \times 10^{-2}} = 3.64 \text{(mm)}.$$

12-9 分子的能量包含哪几部分？各代表什么能量？各表达式是什么？

解：分子能量主要包含：(1) 原子(电子)的能量．(2) 分子振动能量．(3) 分子转动能量．(4) 分子平动动能．

原子的能量是指组成原子的电子具有的能量，一般是量子化的．

振动能量可以表示为

$$E_v = (v+1)h\nu_0$$

其中，v 称为振动量子数．

转动能量可以表示为

$$E_r = \frac{h^2}{8\pi^2 I} j(j+1),$$

其中，j 称为转动量子数．

分子平动动能是温度的函数，它是反映分子在空间整体运动的剧烈程度的量．

12-10 激光产生原理是什么？激光产生的条件是什么？按工作物质分类，激光器一般分为几类？

答：产生原理：受激辐射．

产生条件：粒子数反转；光学谐振腔．

按工作介质分，激光器可分为气体激光器、固体激光器、半导体激光器和染料激光器等．

13 核物理基础

本章提要

1. 基本概念

(1) 原子核的基本性质

原子核是由质子和中子组成的,质子和中子统称为**核子**.质子数(Z)和中子数(N)的总和称为**原子核的质量数(A)**,即 $A=Z+N$.若用 X 表示核素,则某一原子核用符号 $_Z^A$X 来表示.质子数相同而中子数不同的核素称为**同位素**.

① 原子核的自旋角动量为

$$L_I = \sqrt{I(I+1)}\,\frac{h}{2\pi},$$

式中 I 为原子核的自旋量子数,简称**核自旋**.当核素 $_Z^A$X,Z 也为偶数时,I 为零;当 $Z+N$ 为偶数,I 为整数;而 $Z+N$ 为奇数时,Z 或 N 为奇数,I 为半整数.

② 核自旋角动量在 z 方向分量为

$$L_{Iz} = m_I \frac{h}{2\pi},$$

磁量子数 m_I 共有 $(2I+1)$ 个可能值.

③ 原子核的磁矩为

$$\mu_I = \sqrt{I(I+1)}\,g\,\mu_N,$$

式中,$\mu_N = \dfrac{eh}{4\pi m_p} = 5.050\,786\,6\times 10^{-27}\,\text{J}\cdot\text{T}^{-1}$,称为**核磁子**.核磁矩是矢量,在外磁场方向的投影为

$$\mu_{Iz} = m_I g \mu_N,$$

对于给定的 I,m_I 有 $2I+1$ 个不同的取值.

(2) 核磁共振与顺磁共振

由于原子核有自旋,当有外磁场 **B** 存在时,原子核的自旋磁矩与外磁场相互作用,使原来的一个核磁能级分裂成 $2I+1$ 个子能级,相邻两子能级的能量之差为 $\Delta E=g\mu_N B$.如果在垂直于 **B** 的方向上另加一高频交变磁场,当其频率 ν 符合 $h\nu=g\mu_N B$ 时,原子核强烈地吸收高频磁场的能量,并从低能级跃迁到高能级而发生核磁共振.

同样顺磁性物质的核外电子具有自旋和磁矩,在外磁场的作用下,能级也会分裂,两能级的能量之差为 $\Delta E = g_e \mu_B B$. 如果垂直 $\boldsymbol{B}$ 的方向上另加一高频交变磁场,当其频率 ν 符合 $h\nu = g_e \mu_B B$ 时,顺磁性物质也会强烈吸收高频磁能量,并由低能级跃迁到高能级而发生顺磁共振.

(3) 原子核的放射性衰变

原子核的放射性衰变的类型

α 衰变: $^A_Z X \rightarrow ^{A-4}_{Z-2} Y + ^4_2 He + Q$

β^- 衰变: $^A_Z X \rightarrow ^A_{Z+1} Y + ^0_{-1} e + \bar{\nu} + Q$

β^+ 衰变: $^A_Z X \rightarrow ^A_{Z-1} Y + ^0_{+1} e + \nu + Q$

电子俘获: $^A_Z X + ^0_{-1} e \rightarrow ^A_{Z-1} Y + \nu + Q$

核衰变快慢、种类及衰变过程由核素本身特性所决定,不受外界影响. 而衰变的共性是各个核素在衰变过程中遵守能量守恒定律、质量守恒定律、动量守恒定律、电荷数守恒定律和核子数的守恒定律.

(4) 放射性的探测

放射性的探测是利用射线与物质互相作用时产生电离效应、荧光效应、热效应和化学效应等特殊现象,用仪器给予间接探测而完成.

2. 基本原理及公式

(1) 放射性衰变规律

$$N = N_0 e^{-\lambda t}$$

其中,λ 称为衰变常数.

半衰期 $T_{1/2}$ 和平均寿命 τ 之间的关系为

$$T_{1/2} = \frac{\ln 2}{\lambda} = \tau \ln 2$$

(2) 放射量

a. 放射性活度: $A = A_0 e^{-\lambda t} = A_0 \left(\frac{1}{2}\right)^{t/T_{1/2}}$ (Bq) 或 (Ci)

1 Ci = 3.7 × 10¹⁰ Bq

b. 照射量(X): $X = \dfrac{dQ}{dm}$ (C/kg 或 R)

1 R = 2.58 × 10⁴ C/kg

c. 吸收剂量(D): $D = \dfrac{dE}{dm}$ (J/kg 或 Gy)

1 Gy = 1 J/kg = 100 rad

d. 剂量当量(H): $H = NDQ$ (J/kg 或 Sv)

$$1\text{ Sv} = \frac{1\text{ J}}{\text{kg}} = 10^2 \text{ rem}$$

习题精解

13-1 原子核 ^{6}Li 的核自旋 $I=1$,试问:(1)它的自旋角量是多少?它在磁场 z 方向的分量有哪些可能的取值?(2)设实验测得核磁矩在外磁场方向的最大分量等于 $0.822\mu_N$,它的 g 因子、核磁矩在外磁场方向的分量各是多少?

解:(1)原子核自旋角动量为

$$L = \sqrt{I(I+1)}\hbar = \sqrt{2}\hbar,$$

根据公式

$$L_{Iz} = m_I\hbar, \quad (m_I = -I, -I+1, \cdots, I-1, I)$$

得

$$L_z = -\hbar, 0, \hbar.$$

(2)原子核磁矩最大分量为 $\mu_z = g\mu_N$,朗德因子为 $g = 0.822$.

由核磁矩 z 分量为

$$\mu_{Iz} = m_I g\mu_N$$

得

$$\mu_z = -g\mu_N, 0, g\mu_N.$$

13-2 设外磁场的磁感应强 $B=1.5$ T,(1)问 ^{6}Li 的原子核在此磁场中的附加势能是多少?(2)试计算相邻两子能级间的能量差;(3)为了获得核磁共振现象,问交变磁场的频率应为多少?(朗德因子 $g=0.822$)

解:(1)附加势能为

$$E = -\boldsymbol{\mu}_I \cdot \boldsymbol{B},$$

最大附加势能为

$$E_{\max} = \mu_I B = m_I g\mu_N B = 0.822 \times 5.05 \times 10^{-27} \times 1.5 = 6.23 \times 10^{-27} \text{(J)}.$$

(2)相邻两子能级的能量差为

$$\Delta E_{\max} = g\mu_N B = 0.822 \times 5.05 \times 10^{-27} \times 1.5 = 6.23 \times 10^{-27} \text{(J)}.$$

(3)核磁共振频率为

$$\nu = \frac{g\mu_N B}{h} = \frac{0.822 \times 5.05 \times 10^{-27} \times 1.5}{6.626 \times 10^{-34}} = 9.4 \times 10^6 \text{(Hz)}.$$

13-3 某核磁共振谱仪的磁场强度为 1.409 2 T，求下述核的工作频率：^{1}H、^{13}C、^{19}F、^{31}P.

解：设 ^{1}H，^{13}C，^{19}F，^{31}P 这四种原子核的朗德因子分别为 g_H，g_C，g_F，g_P. 依题意，四种核的转动量子数相同，均为 $I = \dfrac{1}{2}$.

按照共振频率的公式

$$\nu = \frac{g\mu_N B}{h}$$

得

$$\nu_i = g_i \frac{5.05 \times 10^{-27} \times 1.409\ 2}{6.63 \times 10^{-34}} \approx g_i 1.073 \times 10^7 (\text{Hz})$$
$$= 10.73\ g_i\ \text{MHz},$$

其中，g_i 分别为以上四种核的朗德因子，由实验测得.

13-4 某种放射性核素在 1.0 h 内衰变到原来的 29.3%，求它的半衰期、衰变常数和平均寿命.

解：根据衰变定律

$$\frac{N}{N_0} = e^{-\lambda t},$$

衰变常数为

$$\lambda = -\frac{1}{t} \ln \frac{N}{N_0} = -\frac{1}{3\ 600} \times \ln 0.293 = 3.4 \times 10^{-4}(\text{s}^{-1}),$$

半衰期为

$$T_{1/2} = \frac{1}{\lambda} \ln 2 = \frac{0.693}{3.4 \times 10^{-4}} = 2\ 038.2(\text{s}),$$

平均寿命为

$$\tau = \frac{1}{\lambda} = \frac{1}{3.4 \times 10^{-4}} = 2\ 941.2(\text{s}).$$

13-5 化学库中，1.0 g 的纯 KCl 样品是放射性的，并以衰变率 $R = -dN/dt = 1\ 600$ 计数/s 衰变. 此衰变是来自元素钾，特别是在普通钾中占 1.18% 的同位素 ^{40}K 所引起. 问此衰变的半衰期为多少？

解：1 g KCl 含有的 ^{40}K 数量为

$$N = \frac{1}{74.5} \times N_A \times \frac{1.18}{100} = \frac{1}{74.5} \times 6.02 \times 10^{23} \times \frac{1.18}{100} = 9.535 \times 10^{19} (\text{个}),$$

由 $-dN/dt = \lambda N$ 可得

$$\lambda = \frac{-dN/N}{dt} = \frac{1\,600}{9.535 \times 10^{19}} = 1.678 \times 10^{-17} (\text{s}^{-1}),$$

半衰期

$$T_{1/2} = \frac{1}{\lambda}\ln 2 = \frac{0.693}{1.678 \times 10^{-17}} = 4.13 \times 10^{16}(\text{s}) = 1.3 \times 10^{9}(\text{a}).$$

其中,符号 a 表示年.

13-6 古代木炭样品 5.00 g,其 ^{14}C 的放射性活度是 63.0 次衰变/min. 现存树林中碳的放射性活度是 15.3 次衰变/min. ^{14}C 的半衰期是 5 730 年,则此木炭样品有多少年了?

解: 由 $A = A_0 \left(\frac{1}{2}\right)^{t/T_{1/2}}$,可得

$$t = -\frac{T_{1/2}}{\ln 2}\ln\frac{A}{A_0} = -\frac{5\,730}{0.693} \times \ln\frac{15.3}{63} = 1.17 \times 10^{4}(\text{a}).$$

13-7 写出核素 $^{198}_{79}\text{Au}$ 的 β^- 衰变方程式. 已知 $^{198}_{79}\text{Au}$ 的半衰期为 3.1 d. 求:(1) 其衰变常数和平均寿命;(2) 1.0 μCi 的 $^{198}_{79}\text{Au}$ 经 1.55 d 后其放射性活度减弱到多少?

解: 衰变过程为

$$^{198}_{79}\text{Au} \rightarrow {}^{198}_{80}\text{Hg} + e^{-} + \bar{\nu}_e,$$

(1) 衰变常数为

$$\lambda = \frac{\ln 2}{T_{1/2}} = \frac{0.693}{3.1 \times 24 \times 3\,600} = 2.59 \times 10^{-6}(\text{s}^{-1}).$$

平均寿命为

$$\tau = \frac{1}{\lambda} = \frac{T_{1/2}}{\ln 2} = \frac{3.1 \times 24 \times 3\,600}{0.693} = 3.86 \times 10^{5}(\text{s}).$$

(2) 由 $A = A_0 \left(\frac{1}{2}\right)^{t/T_{1/2}}$ 可得

$$A = 1.0 \times 10^{-6} \times \left(\frac{1}{2}\right)^{1.55/3.1} = 0.7(\mu\text{Ci}).$$

13-8 已知 ^{131}I 的半衰期为 8.1 d,问 12 mCi 的 ^{131}I 经 24.3 d 后其活度是多少?

解: 由 $A = A_0 \left(\dfrac{1}{2}\right)^{t/T_{1/2}}$ 可得

$$A = 12 \times 10^{-3} \times \left(\dfrac{1}{2}\right)^{24.3/8.1} = 1.5 (\text{mCi}).$$

13-9 将少量含有放射性 ^{24}Na 的溶液注入病人静脉,当时测得计数率为 12 000 次衰变/min,30 h 后抽出血液 1.0 cm^3,测得计数率为 0.50 次衰变/min. 已知 ^{24}Na 的半衰期为 15 h,试估算该病人全身的血液量.

解: $A = A_0 \left(\dfrac{1}{2}\right)^{t/T_{1/2}}$,可得总的衰变活度为

$$A = 12 \times 10^3 \times \left(\dfrac{1}{2}\right)^{30/15} = 3\ 000\ (\text{次衰变/min}),$$

血液量

$$V = \dfrac{3\ 000}{0.5} \times 1.0 = 6\ 000 (\text{ml}).$$

13-10 已知 ^{222}Rn 的半衰期为 3.8 d,求:(1) 它的平均寿命和衰变常数;(2) 1.0 μg 的 ^{222}Rn 在 1.9 d 发生了衰变的质量.

解: (1) 依题意,衰变常数为

$$\lambda = \dfrac{\ln 2}{T_{1/2}} = \dfrac{0.693}{3.8 \times 24 \times 3\ 600} = 2.11 \times 10^{-6} (\text{s}^{-1}).$$

平均寿命为

$$\tau = \dfrac{1}{\lambda} = \dfrac{T_{1/2}}{\ln 2} = \dfrac{3.8 \times 24 \times 3\ 600}{0.693} = 4.74 \times 10^5 (\text{s}).$$

(2) 由 $N = N_0 \left(\dfrac{1}{2}\right)^{t/T_{1/2}}$ 可得

$$m = m_0 \left(\dfrac{1}{2}\right)^{t/T_{1/2}},$$

即 $$m = m_0 \left(\dfrac{1}{2}\right)^{t/T_{1/2}} = 1.0 \times 10^{-6} \times \left(\dfrac{1}{2}\right)^{1.9/3.8} = 0.7 (\mu g).$$

故 $\Delta m = m_0 - m = 0.3\ \mu g$,即有 $0.3\ \mu g$ 的 ^{222}Rn 发生了衰变.

参考文献

[1] 谈正卿.物理学[M].上海:上海科学技术出版社,1985.
[2] 崔桂珍.物理学[M].南京:南京大学出版社,1996.
[3] 唐志伦.药用物理学教程[M].贵阳:贵州科技出版社,1996.
[4] 孟和,顾志华.骨伤科生物力学[M].北京:人民卫生出版社,2004.
[5] 章志鸣,沈元华,陈惠芬.光学[M].3版.北京:高等教育出版社,2009.
[6] 秦允豪.普通物理学教程:热学[M].3版.北京:高等教育出版社,2011.
[7] 曾谨言.量子力学[M].北京:科学出版社,1990.
[8] 褚圣麟.原子物理学[M].北京:高等教育出版社,1979.
[9] 顾柏平.物理学实验[M].南京:东南大学出版社,2000.
[10] 顾柏平,章新友.医用物理学实验[M].北京:中国中医药出版社,2007.
[11] 张三慧.大学基础物理学[M].2版.北京:清华大学出版社,2010.
[12] 程守洙,江之永.普通物理学[M].4版.北京:高等教育出版社,2006.
[13] 杨华元,顾柏平.医用物理学[M].9版.北京:中国中医药出版社,2012.
[14] 顾柏平,杨华元.医用物理学实验[M].北京:中国中医药出版社,2014.
[15] 杨华元,顾柏平.医用物理学习题集[M].北京:中国中医药出版社,2014.
[16] 章新友,侯俊玲.物理学[M].北京:中国中医药出版社,2012.
[17] 顾柏平.物理学教程[M].3版.南京:东南大学出版社,2016.
[18] 顾柏平.《物理学教程》习题精解[M].南京:东南大学出版社,2016.